"十二五""十三五"国家重点图书出版规划项目

新 能 源 发 电 并 网 技 术 丛 书

张军军 李红涛 黄晶生 等 编著

光伏发电户外实证测试技术

中国水利水电出版社
www.waterpub.com.cn

·北京·

内 容 提 要

本书为《新能源发电并网技术丛书》之一，围绕光伏发电户外实证测试技术，分别介绍了光伏发电户外实证测试的技术概况、光伏发电原理、光伏发电实验室测试方法、光伏发电户外运行特性及模型、光伏发电户外实证测试平台、光伏发电实证数据分析方法和光伏发电户外实证案例。

本书不仅阐述技术原理，体现学术价值，还力求突出实际应用，体现实用价值，希望本书的出版能够促进我国光伏发电户外实证测试技术的研究和应用，充分发挥户外实证测试在光伏发电并网中的重要作用，保障各类型光伏发电并网安全、稳定、高效运行，推动光伏发电产业健康有序发展。

本书对从事新能源领域的研究人员、电力公司技术人员和光伏发电相关从业人员具有一定参考价值，也可供其他相关领域的工程技术人员借鉴参考。

图书在版编目（CIP）数据

光伏发电户外实证测试技术 / 张军军等编著. -- 北京：中国水利水电出版社，2018.12
　（新能源发电并网技术丛书）
　ISBN 978-7-5170-7223-2

　Ⅰ．①光… Ⅱ．①张… Ⅲ．①太阳能发电—测试—研究 Ⅳ．①TM615

中国版本图书馆CIP数据核字(2018)第274928号

	新能源发电并网技术丛书
书　　名	**光伏发电户外实证测试技术** GUANGFU FADIAN HUWAI SHIZHENG CESHI JISHU
作　　者	张军军　李红涛　黄晶生　等编著
出版发行	中国水利水电出版社 （北京市海淀区玉渊潭南路 1 号 D 座　100038） 网址：www.waterpub.com.cn E-mail：sales@waterpub.com.cn 电话：(010) 68367658（营销中心）
经　　售	北京科水图书销售中心（零售） 电话：(010) 88383994、63202643、68545874 全国各地新华书店和相关出版物销售网点
排　　版	中国水利水电出版社微机排版中心
印　　刷	北京瑞斯通印务发展有限公司
规　　格	184mm×260mm　16 开本　13.75 印张　306 千字
版　　次	2018 年 12 月第 1 版　2018 年 12 月第 1 次印刷
定　　价	**52.00 元**

丛书编委会

主　任　丁　杰

副主任　朱凌志　吴福保

委　员（按姓氏拼音排序）

陈　宁　崔　方　赫卫国　秦筱迪

陶以彬　许晓慧　杨　波　叶季蕾

张军军　周　海　周邺飞

本 书 编 委 会

主　　编　张军军

副 主 编　李红涛　黄晶生

参编人员（按姓氏拼音排序）

丁　杰　丁明昌　董　玮　董颖华

居蓉蓉　刘美茵　秦　昊　沈致远

姚广秀　张双庆　张晓琳

序 XU

随着全球应对气候变化呼声的日益高涨以及能源短缺、能源供应安全形势的日趋严峻，风能、太阳能、生物质能、海洋能等新能源以其清洁、安全、可再生的特点，在各国能源战略中的地位不断提高。其中风能、太阳能相对而言成本较低、技术较成熟、可靠性较高，近年来发展迅猛，并开始在能源供应中发挥重要作用。我国于 2006 年颁布了《中华人民共和国可再生能源法》，政府部门通过特许权招标，制定风电、光伏分区上网电价，出台光伏电价补贴机制等一系列措施，逐步建立了支持新能源开发利用的补贴和政策体系。至此，我国风电进入快速发展阶段，连续 5 年实现增长率超100％，并于 2012 年 6 月装机容量超过美国，成为世界第一风电大国。截至 2014 年年底，全国光伏发电装机容量达到 2805 万 kW，成为仅次于德国的世界光伏装机第二大国。

根据国家规划，我国风电装机容量 2020 年将达到 2 亿 kW。华北、东北、西北等"三北"地区以及江苏、山东沿海地区的风电主要以大规模集中开发为主，装机规模约占全国风电开发规模的 70％，将建成 9 个千万千瓦级风电基地；中部地区则以分散式开发为主。光伏发电装机容量预计 2020 年将达到 1 亿 kW。与风电开发不同，我国光伏发电呈现"大规模开发，集中远距离输送"与"分散式开发，就地利用"并举的模式，太阳能资源丰富的西北、华北等地区适宜建设大型地面光伏电站，中东部发达地区则以分布式光伏为主，我国新能源在未来一段时间仍将保持快速发展的态势。

然而，在快速发展的同时，我国新能源也遇到了一系列亟待解决的问题，其中新能源的并网问题已经成为社会各界关注的焦点，如新能源并网接入问题、包含大规模新能源的系统安全稳定问题、新能源的消纳问题以及新能源分布式并网带来的配电网技术和管理问题等。

新能源并网技术已经得到了国家、地方、行业、企业以及全社会的广泛关注。自"十一五"以来，国家科技部在新能源并网技术方面设立了多个"973""863"以及科技支撑计划等重大科技项目，行业中诸多企业也在新能源并网技术方面开展了大量研究和实践，在新能源并网技术方面取得了丰硕的成果，有力地促进了新能源发电产业的发展。

中国电力科学研究院作为国家电网公司直属科研单位，在新能源并网等方面主持和参与了多项国家"973""863"以及科技支撑计划和国家电网公司科技项目，开展了大量与生产实践相关的针对性研究，主要涉及新能源并网的建模、仿真、分析、规划等基础理论和方法，新能源并网的实验、检测、评估、验证及装备研制等方面的技术研究和相关标准制定，风电、光伏发电功率预测及资源评估等气象技术研发应用，新能源并网的智能控制和调度运行技术研发应用，分布式电源、微电网以及储能的系统集成及运行控制技术研发应用等。这些研发所形成的科研成果与现场应用，在我国新能源发电产业高速发展中起到了重要的作用。

本次编著的《新能源发电并网技术丛书》内容包括电力系统储能应用技术、风力发电和光伏发电预测技术、光伏发电并网试验检测技术、微电网运行与控制、新能源发电建模与仿真技术、数值天气预报产品在新能源功率预测中的应用、光伏发电认证及实证技术、新能源调度技术与并网管理、分布式电源并网运行控制技术、电力电子技术在智能配电网中的应用等多个方面。该丛书是中国电力科学研究院等单位在新能源发电并网领域的探索、实践以及在大量现场应用基础上的总结，是我国首套从多个角度系统化阐述大规模及分布式新能源并网技术研究与实践的著作。希望该丛书的出版，能够吸引更多国内外专家、学者以及有志从事新能源行业的专业人士，进一步深化开展新能源并网技术的研究及应用，为促进我国新能源发电产业的技术进步发挥更大的作用！

中国科学院院士、中国电力科学研究院名誉院长：

前 言
QIANYAN

　　光伏发电户外实证测试在光伏发电关键部件性能评估等领域发挥着重要作用，是光伏发电系统长期安全、稳定、高效并网运行必不可少的重要环节。光伏发电户外实证测试弥补了光伏关键部件目前实验室环境测试的不足；能够应对光伏技术路线多样化发展趋势；能够指导电站设计与区域电网规划，具有重要的社会与经济价值。

　　我国光伏发电关键部件技术路线呈多样化发展趋势，自 2015 年起，国家能源局开始推进光伏发电"领跑者"计划，旨在促进光伏发电技术进步、产业升级、市场应用和成本下降，通过市场支持和试验示范，加速技术成果向市场应用转化，淘汰落后技术和产能，实现 2020 年光伏发电用电侧平价上网目标。

　　2016 年，国家能源局在《太阳能发展"十三五"规划》中明确提出了建立健全光伏标准及产品质量检测认证体系的目标任务。2017 年，《国家能源局关于推进光伏发电"领跑者"计划实施和 2017 年领跑基地建设有关要求的通知》（国能发新能〔2017〕54 号）对领跑者基地项目的关键部件指标、系统指标提出了更高要求。建设户外实证测试平台，采用长期实证监测手段，可有效对光伏电站关键部件能否满足领跑者性能要求进行长期监管，同时为提高光伏电站关键部件效率提供数据支撑，对于促进光伏产业技术进步具有重要价值。

　　本书着眼于目前国内外光伏发电产业的快速发展，结合光伏发电户外实证测试技术领域的研究和应用成果，介绍了光伏发电户外实证测试的技术概况、光伏发电原理、光伏发电标准化测试方法、光伏发电户外运行特性及模型、光伏发电户外实证测试平台、光伏发电实证数据分析方法和光伏发电户外实证案例。

　　本书共 7 章，其中第 1 章由李红涛、张军军和沈致远编写，第 2 章由张双庆、董玮和居蓉蓉编写，第 3 章由董颖华、姚广秀和秦昊编写，第 4 章由丁明昌、沈致远和刘美茵编写，第 5 章由董颖华、黄晶生和张晓琳编写，第 6 章由沈致远、丁明昌和董颖华编写，第 7 章由董颖华、沈致远、李红涛和黄晶生编写。全书由丁杰指导，张军军、李红涛、黄晶生主审，并由张军军统稿。

本书在编写过程中参阅了很多前辈的工作成果，引用了大量光伏"领跑者"基地实证电站的测试和运行数据，在此对国家能源局新能源和可再生能源司、水电水利规划设计总院、大同采煤沉陷区国家先进技术光伏示范基地领导组办公室、芮城县光伏基地领导组办公室、新泰市光伏发电示范基地指挥部办公室、各光伏组件厂商和各光伏逆变器厂商表示特别感谢。本书在编写过程中听取了中国电力科学研究院王伟胜教授的中肯意见并采纳了相关建议，也得到了丛书编委会吴福保、朱凌志、周邺飞等的相关帮助，在此一并表示衷心感谢！

限于作者的学术水平和实践经历，书中难免有不足之处，恳请读者批评指正。

作者

2018 年 11 月

目 录
MULU

第1章 绪 论

太阳能是太阳内部连续不断核聚变反应所产生的能量，每秒钟太阳辐射到地球大气层上的能量相当于 500 万 t 标准煤。从本质上来说，地球上的风能、水能、海洋温差能、波浪能、生物质能和潮汐能等都来源于太阳，即使是地球上的化石燃料（如煤、石油、天然气等），也是远古以来储存的太阳能。

近年来，随着传统化石能源消耗速度的加快，随之带来的环境污染问题日益严重，太阳能光伏发电作为太阳能利用的一种重要形式迎来了大规模发展，但发展的同时也遇到了诸多技术上的问题。

本章介绍了国内光伏发展概况，包括我国太阳能资源分布、光伏产业现状和光伏产业面临的挑战；并介绍了国内外光伏户外实证技术现状，以及国内外的检测平台和光伏户外实证的重要意义。

1.1 国内光伏发电技术概况

光伏发电和光热发电是太阳能应用的两种重要形式。光伏发电是利用光伏效应将太阳的光能直接转换为电能的一种可再生、无污染的发电方式，其不仅可以替代部分化石能源，而且未来将成为世界能源供应的主体，是世界各国可再生能源发展的主要方向。

2016 年 12 月，为促进我国太阳能产业持续健康发展，加快太阳能多元化应用，推动建设清洁低碳、安全高效的现代能源体系，国家能源局卜发了《太阳能发展"十三五"规划》（国能新能〔2016〕354 号）。到 2020 年年底，太阳能发电装机容量达到 1.1 亿 kW 以上。其中，光伏发电装机容量达到 1.05 亿 kW 以上，光热发电装机容量达到 500 万 kW，太阳能光热利用集热面积达到 8 亿 m²。到 2020 年，太阳能年利用量达到 1.4 亿 t 标准煤以上，我国"十三五"期间太阳能利用主要指标见表 1-1。

表 1-1　　　　　　我国"十三五"期间太阳能利用主要指标

类　　型		2020 年目标规模		
		装机容量 /万 kW	发电量 /[(亿 kWh)·年⁻¹]	集热面积 /亿 m²
太阳能发电	1. 光伏发电	10500	1500	—
	2. 光热发电	500		—
太阳能热利用		—	—	8
合计		11000	1500	8

注　截至 2017 年年底，我国光伏发电累计装机容量已达到 1.3 亿 kW。

1.1.1 太阳能资源分布

2016 年，我国陆地表面平均水平面年辐射总量约为 1478.2kWh/m²，最佳斜面年总辐射量约为 1712.7kWh/m²。太阳能资源地区差异较大，总体上呈现高原、干燥地区丰富，平原、高湿地区少的特点。

我国东北、华北、西北和西南等大部分地区水平面年总辐射量超过 1400kWh/m²，其中新疆东南部、西藏大部、青海中西部、甘肃西部、内蒙古西部等超过 1750 kWh/m²，是太阳能资源最丰富的地区。

新疆大部、内蒙古大部、甘肃中东部、宁夏全部、陕西北部、山西北部、河北西北部、青海东部、西藏东部、四川西部、云南大部及海南全部等地水平面年总辐射量 1400～1750kWh/m²，是太阳能资源很丰富地区。

东北大部、华北南部、黄淮、江淮、江汉、江南及华南大部地区等的水平面年总辐射量 1050～1400kWh/m²，是太阳能资源丰富地区。

四川东部、重庆全部、贵州大部、湖南及湖北西部地区水平面年总辐射量不足 1050kWh/m²，为太阳能资源一般区。

我国太阳能总辐射资源丰富，总体呈"高原大于平原、西部干燥区大于东部湿润区"的分布特点。其中，青藏高原最为丰富，年总辐射量超过 1800kWh/m²，部分地区甚至超过 2000kWh/m²。四川盆地资源相对较低，存在低于 1000kWh/m² 的区域。

根据中国气象局风能太阳能资源评估中心划分标准，我国太阳辐射总量等级和区域分布表见表 1-2。

表 1-2　　　　　　　　我国太阳辐射总量等级和区域分布表

等级	资源代号	年总辐射量/(MJ·m⁻²)	区 域
资源丰富	I	(6700, 8370)	青藏高原、甘肃北部、宁夏北部、新疆南部、河北西北部、山西北部、内蒙古南部、宁夏南部、甘肃中部、青海东部、西藏东南部等
资源较丰富	II	(5400, 6700]	山东、河南、河北东南部、山西南部、新疆北部、吉林、辽宁、云南、陕西北部、甘肃东南部、广东南部、福建南部、江苏中北部和安徽北部等
资源一般	III	(4200, 5400]	长江中下游、福建、浙江和广东的一部分地区
四类地区	IV	(0, 4200]	四川、贵州两省

1.1.2 光伏发电产业技术发展现状

自 2015 年以来，我国光伏产业体系不断完善，技术进步显著，光伏制造和应用规模均居世界第一。2016 年，我国光伏产业总产值达到 3360 亿元，同比增长 27%，其中：多晶硅产量 19.4 万 t，占全球总产量 37 万 t 的 52.43%；硅片产量 63GW，占全球总产量 69GW 的 91.30%；太阳电池产量 49GW，占全球总产量 69GW 的 71.01%；电池组件产量达到 53GW，占全球总产量 72GW 的 73.61％，产业链各环节生产规模全球占比均超过 50％，继续位居全球首位。2017 年，我国电池组件产量达到 83.34GW。预计 2018 年，我国电池组件产量将超 120GW。此外我国光伏发电装机容量从 2010 年的 0.86GW 增长到 2017 年的 130.48GW，我国光伏应用规模连续 3 年居全球首位；2017 年新增装机容量达 53.06GW，连续 5 年新增装机位居世界第一。我国光伏产品的国际市场不断拓展，2017 年光伏产品月均出口额达 11.9 亿美元，在传统欧美市场与新兴市场均占主导地位，大部分关键设备已实现本土化并逐步推行智能制造，制造水平国际领先。我国近 3 年光伏发电装机容量如图 1-1 所示。

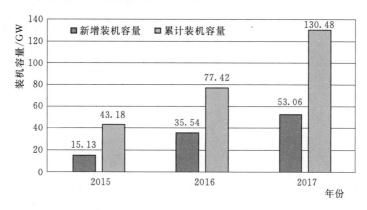

图 1-1　我国近 3 年光伏发电装机容量

2017 年光伏发电市场规模快速扩大，新增装机容量 53.06GW，其中：集中式光伏电站 33.62GW，同比增加 11％；分布式光伏电站 19.44GW，同比增长 3.7 倍。到 2017 年底，我国光伏发电累计装机容量达到 130.48GW，其中：集中式光伏电站 100.59GW，分布式光伏电站 29.66GW。从新增装机布局看，呈现由西北地区向中东部地区转移的趋势。华东地区新增装机容量 14.67GW，同比增加 1.7 倍，占全国的 27.7％。华中地区新增装机容量 10.64GW，同比增长 70％，占全国的 20％。西北地区新增装机容量 6.22GW，同比下降 36％。分布式光伏发电的发展继续提速，浙江、山东、安徽三省分布式光伏发电新增装机容量占全国的 45.7％。2017 年，全国光伏发电量 11.82 万 GW，同比增长 78.6％。

2017 年，我国光伏发电发展呈现出以下新特点：

（1）分布式光伏发展提速。2017 年，分布式光伏电站新增装机容量 19.44GW，为 2016 年同期新增规模的 3.7 倍。

（2）光伏发电新增装机容量的分布地域转移特征明显。由西北地区向中东部地区转移的趋势明显，华东地区新增装机容量 14.67GW，同比增加 1.7 倍，占全国的 27.7％。华中地区新增装机容量为 10.64GW，同比增长 70％，占全国的 20％。西北地区新增装机容量 6.22GW，同比下降 36％。

（3）新方式促进光伏发电发展。光伏"领跑者"计划的实施取得良好效果，光伏产业技术进步明显，成本实现大幅下降，并导致全球光伏项目招标电价不断下降。

1.1.3 光伏发电技术产业发展问题和挑战

虽然近年来光伏发电从技术和市场上都得到了快速发展，但仍然存在一些需要尽快解决的问题。

1. 较高成本与较低利润率

2017 年国内光伏市场新增装机容量 53.06GW，连续 5 年全球增速第一。但是，2018 年 5 月 31 日国家能源局发布新政，电价补贴在原基础上下调 0.05 元。虽然光伏发电价格已大幅下降，但与燃煤发电价格相比仍然偏高，在"十三五"时期对国家补贴依赖程度依然较高，光伏发电的非技术成本有增加趋势，地面光伏电站的土地租金、税费等成本不断上升，屋顶分布式光伏电站的场地租金也有上涨压力，融资成本降幅有限甚至民营企业融资成本不降反升问题突出。光伏发电技术进步、成本降低和非技术成本降低必须同时发力，才能加速光伏发电成本和电价降低。

2. 关键领域技术创新偏弱

近年来，随着黑硅技术、PERC 技术、双面技术的普及推广，太阳电池的效率得到了大幅度的提升。太阳电池作为光伏发电最核心的部件，提升效率是平价上网的必备基础，也是实现行业成本下降的主要动力。

虽然在 2017 年之后，我国已经连续第五年在新增规模上领跑全球，但是较新的黑硅技术、PERC 技术、HIT 等电池技术均起源于国外。我国有在全世界范围内全面和完善的光伏工艺产业链，最新的技术往往能在我国强大的产业链整合能力之下得到迅速发展。2017 年，在单晶 PERC 电池方面，我国企业就先后三次打破世界纪录，也保持了多项薄膜太阳能电池的世界纪录。近几年我国的光伏企业保持了大多数电池效率纪录。

我国在高效电池的工艺装备、生产设备、研发设备等方面也与国外存在差距，我国在生产黑硅、PERC、N 型等新技术电池所需的关键设备方面仍依赖进口，削弱了我国光伏产业承受风险的能力。

此外，我国光伏产品以晶硅电池为主，而 90％晶硅电池用于电站建设。除晶硅电池之外，薄膜电池也需要尽快发展起来，丰富太阳能发电产品结构，使光伏发展呈现多样化的局面，这样才能开拓出多元化的市场。

1.2 光伏户外实证测试技术概况

光伏电站建设与运行的寿命通常为 25 年，光伏发电设备的设计鉴定与定型通常是在实验室模拟环境中获得。在真实应用环境下，随着光伏电站运行年限的增加，设备性能暴露的问题也呈逐年增加趋势。为此，国内外研究机构着手建立光伏系统户外实证平台来验证光伏发电设备的运行性能，国外从 20 世纪 80 年代开始逐步建设了一批光伏系统户外实证性测试平台，积累了大量实证数据，有力地支撑了光伏产业的发展、产品的应用及推广。我国光伏户外实证技术研究起步较晚，自 2014 年起才逐步开展户外实证技术研究及户外实证场的建设。

1.2.1 国外光伏户外实证测试技术发展现状

欧美多国从 20 世纪 80 年代已陆续从国家层面推动建设了一批光伏系统户外实证性测试平台，通过对各类太阳能电池组件、BOS 部件和光伏发电系统开展户外实证测试，获取大量第一手的实证数据，有力支撑了本国光伏发电产业的发展，产品应用的推广以及新技术、新材料、新工艺的实际运行工况验证。如美国的亚利桑那州 TüV 莱茵光伏测试实验室、ATLAS 公司的凤凰城户外测试场等；德国的弗朗霍夫太阳能发电系统研究所（Fraunhofer Institute for Solar Energy Systems）、太阳能和氢研究中心（Centre for Solar Energy and Hydrogen Research Baden – Württemberg）；荷兰能源研究中心（Energy research Centre of the Netherlands）；瑞士南方应用科技大学（The University of Applied Sciences and Arts of Southern Switzerland）建立的户外实证性测试场等。

美国 2007 年启动的太阳能技术项目，由美国能源部发起，美国国家新能源实验室（National Renewable Energy Laboratory，NREL）和美国圣地亚国家实验室（Sandia National Laboratories，SNL）牵头在全美范围内开展光伏系统的户外实证性测试，依托全美已通过验收的光伏电站开展现场数据采集及示范，其中最大的电站位于内华达州内利斯（Nellis）空军基地，容量达 15MW。此外，美国杜邦公司在光伏组件户外实证测试方面也处于世界领先地位，分别在全球多地建有光伏户外实证测试点，例如已建有西班牙 2.3MW 测试场和北美 40MW 测试场等。杜邦公司的测试对象主要为光伏组件，主要测试光伏组件发电效率与使用年限。其中位于中国海南、上海、云南以及日本川崎的四个测试点的光伏组件运行年限已分别达到 15 年、5 年、10 年、11 年。

1.2.2 国内光伏户外实证测试技术发展现状

2014 年，国家能源局批复中国质量认证中心（China Quality Certification Centre，CQC）筹建国家太阳能、风能发电系统实证技术重点实验室，根据我国的气候分区，分别建立了琼海、广州、拉萨、吐鲁番、海拉尔、西宁、上海和三亚八个实验基地，实证测试站点及气候类型见表 1-3。典型组件实证试验基地如图 1-2 所示。实证基地主要监测光伏材料、光伏组件、BOS 部件及光伏系统的户外实证性能指标，通过对监测数据的分析和诊断，实现对产品及系统的寿命和可靠性的评估。但实证基地规模较小，且测试产品固定，不具备可扩展性。

我国于 2015 年正式启动光伏"领跑者"计划，并在 2015 年《关于促进先进光伏技术产品应用和产业升级的意见》（国能新能〔2015〕194 号）对"领跑者"基地项目的关键部件指标、系统指标提出了明确的要求，见表 1-4。国家《太阳能发展"十三五"

表 1-3   实证测试站点及气候类型

地点	气候类型	纬度	经度	海拔/m	年最高温度/℃	年最低温度/℃	年平均湿度/%	年平均降雨量/mm	年太阳辐照量/(MJ·m⁻²)
琼海	湿热	19°14′	110°28′	10.00	39	10	86	1921.8	5191
广州	亚湿热	23°08′	113°17′	6.00	37.3	6.3	79	1492	4590
拉萨	高原	29°40′	91°08′	3648.00	28.1	−16.5	44	426.4	7298.4
吐鲁番	干热	42°56′	89°12′	80.00	49.6	−14.6	28	4.2	5513
海拉尔	寒冷	49°08′	120°03′	647.00	23.9	−38.49	60	316.5	4636.0
西宁	荒漠	36°37′	107°46′	2262.00	33.5	−24.9	54	380	5368
上海	暖温	31°10′	121°26′	8.60	38.2	−10.1	75	1123	4514
三亚	湿热海洋	18°13′	109°32′	7.00	35	13.3	83	1263	6140

（a）海南琼海湿热环境实证试验基站（20000m²）

（b）吐鲁番干热环境实证试验基站（133 万 m²）

（c）广州亚湿热环境试验场（10000m²）

（d）拉萨高原环境试验基地（3000m²）

（e）海拉尔寒冷环境试验基地（5000m²）

（f）三亚湿热带海洋环境试验基地（2000m²）

图 1-2 典型组件实证试验基地

规划》明确提出了建立健全光伏标准及产品质量检测认证体系的目标任务。建设实证监测平台，采用长期实证监测手段，可有效对光伏电站关键部件能否满足"领跑者"计划性能要求进行长期监管，同时为提高光伏电站关键部件效率提供数据支撑。

表 1-4   "领跑者"计划对光伏发电项目各项指标要求

年份	相关文件	多晶硅电池组件的光电转换效率	单晶硅电池组件的光电转换效率	逆变器效率	系统效率
2015	国能新能〔2015〕194 号	16.5%以上	17%以上	含变压器中国加权效率不小于96%，不含变压器中国加权效率不小于98% 最高效率不低于99%	不小于81%
2016	国能新能〔2016〕166 号	多晶16.5%、单晶17%，新型高效电池加分			
2017	国能发新能〔2017〕54 号	17%以上（应用领跑） 18%以上（技术领跑）	17.8%以上（应用领跑） 18.9%以上（技术领跑）		

国家能源太阳能发电研发（实验）中心依托我国光伏"领跑者"基地，分别于 2016 年建成大同光伏"领跑者"基地 1MW 先进技术光伏实证平台，于 2017 年建成芮城光伏"领跑者"基地 6.73MW 先进技术光伏实证平台，两个实证平台针对"领跑者"基地内使用的全部类型光伏组件和逆变器开展长期户外实证测试。随着 2018 年实施的我国第三批"领跑者"计划的实施，国家能源太阳能发电研发（实验）中心将建成涵盖多个典型气候区的光伏"领跑者"基地先进技术实证平台。国家能源太阳能发电研发（实验）中心实证平台如图 1-3 所示。

(a) 大同 1MW 实证平台

(b) 组件实证区

(c) 芮城实证平台

(d) 逆变器实证区

图 1-3   国家能源太阳能发电研发（实验）中心实证平台

2017 年由中科院电工所与黄河上游水电开发有限责任公司牵头建设的我国首座"百兆瓦太阳能光伏发电实证基地"在青海全面建成并运行。该实证基地拥有 31 种类型组件实验区、21 种形式支架实验区、15 种类型逆变器实验区、30 种不同设计对比实验区、17 种综合对比实验区，成为国际上光伏组件种类及系统运行方式最全、容量最大的实证性研究基地。

1.2.3　光伏户外实证测试的作用和意义

国内外对光伏发电部件的性能测试通常在实验室内通过模拟户外的应用环境开展，无法真实反映光伏设备的实际运行性能。如在光伏组件的定型设计、材料及部件和工艺变化验证上，通常采用室内加速老化方式进行验证和评估。单一的加速老化实验虽然可以减少试验周期，但是难以客观评价组件在户外多因素共同作用复杂环境下的实际使用状况，加速老化实验结果和实际应用相差较远。对组件功率的衰减和寿命预测无法做出可信的结论。开展覆盖全类型典型气候环境的光伏户外实证测试技术研究意义重大。

1. 弥补实验室环境测试不足

开展光伏户外实证技术研究有助于弥补现有实验室测试结果、加速老化标准和评价手段的不足，开展真实运行环境下不同材料、不同结构、不同工艺、不同技术的材料及设备性能对比，开展光伏设备及系统在不同应用场景下的发电能力、性能衰减、耐候性及可靠性分析。

2. 应对光伏技术路线多样化发展趋势

光伏发电技术近年来呈现多样化发展趋势。对于光伏组件，先后推出了 HIT、PERC、双面、MWT 等多种新型技术路线。对于光伏逆变器，出现了组串式逆变器、集中型逆变器、集散型逆变器以及巨型逆变器并存的局面。对于光伏应用模式，除传统的地面光伏电站与屋顶分布式光伏电站，又涌现出光伏＋渔业、光伏＋农业、光伏＋牧业、光伏＋林业等多种应用模式。因此，开展光伏户外实证技术研究为光伏新技术、新产品、新的应用模式提供验证平台，对于促进技术进步具有重要价值。

3. 指导电站设计与区域电网规划

光伏户外实证的主要目的是给光伏电站各类部件和光伏发电系统的实际工况运行特性提供数据支持和数据验证，可以通过改进实测数据和精细化现有各类模型实现。短期来看，组件和逆变器的实证结果可以和功率预测相结合，得到更为准确的功率曲线，为光伏电站的安全、稳定、高效并网运行提供坚实基础。长期来看，实证数据有利于光伏电站的精细化设计，能够指导不同典型气候环境下的区域电网规划。

4. 社会与经济价值

开展光伏户外实证技术研究与应用，为我国政府能源管理部门制定新能源决策提供技术支撑，有助于推动我国光伏产业升级和技术进步，进而加快光伏发电平价上网进程，保障我国新能源战略顺利实施。

1.3　各章主要内容

本书结合光伏户外实证技术相关研究和工程应用成果，从光伏发电原理入手，针对光伏发电实验室测试方法、光伏发电户外运行特性及模型、光伏发电户外实证测试平台、光伏发电实证数据分析方法等方面讲述了光伏发电户外实证技术，最后辅以光伏户外实证的案例加以说明。相比于其他书籍的光伏标准化测试方法，本书详细介绍了真实户外环境下光伏发电的实证测试方法，具有前瞻性地探索了光伏发电户外实证的测试技术。

本书第 1 章介绍了我国太阳能资源分布和我国光伏产业发展现状，并据此指出光伏产业面临的挑战。同时，对光伏户外实证技术的发展概括进行介绍，并提出了开展光伏发电户外实证技术的作用与意义。

本书第 2 章介绍了光伏发电原理，包括光伏电站的基本构成，光伏组件和光伏逆变器的工作原理。由于逆变器是户外实证最复杂的环节，因此对集中式、组串式、集散式光伏逆变器进行了详尽的介绍，为后文第 3～5 章作出铺垫。

本书第 3 章介绍了光伏发电实验室测试方法，从光伏发电的常用技术标准切入，讲述了光伏发电关键部件的测试，包括光伏组件测试、光伏逆变器效率测试，为第 5 章光伏发电户外实证测试打下基础。

本书第 4 章介绍了光伏发电户外运行特性及模型，包括光伏组件户外运行特性和户外运行模型，同时介绍了光伏逆变器的户外运行特性和户外运行模型。为第 5 章的光伏发电户外实证测试埋下伏笔。

本书第 5 章对整个光伏发电户外实证测试平台进行介绍，包括光伏组件和逆变器的户外实证原理这两个方面。最后着重介绍了光伏发电户外实证测试关键装备，可以全方面多角度对光伏发电的各个环节进行检测。

本书第 6 章介绍了光伏发电实证数据分析方法。由于现场采集的数据包含多种格式，且存在一些错误的数据，因此本章介绍了数据处理的一些实际办法，包括户外实证测试数据的清洗方法、转换方法和分析方法。

本书第 7 章介绍了光伏发电户外实证案例，以山西大同"领跑者"基地的户外实证平台为例，介绍了平台架构，并针对测试结果进行分析，最后的结果论证了整个实证平台的测试环节与步骤的正确性和可靠性。

参 考 文 献

［1］ 孙航，李帅. 2017 上半年光伏产业发展报告 [J]. 中国能源，2017 (8)：66 - 70.

［2］ 国家电网公司. 国家电网公司促进新能源发展白皮书 [EB/OL]. http：//www.sgcc.com.cn/html/files/2017 - 10/22/20171022173235691249346.pdf 2015 - 04 - 03 [2015 - 09 - 30].

［3］ 胡泊，辛颂旭，白建华，等. 我国太阳能发电开发及消纳相关问题研究 [J]. 中国电力，2013，46 (1)：1 - 6.

［4］ 周良学，张迪，黎灿兵，等. 考虑分布式光伏电源与负荷相关性的接入容量分析 [J]. 电力系统自动化，2017，41 (4)：56 - 61.

［5］ 余东华，吕逸楠. 战略性新兴产业的产能过剩评价与预警研究——以中国光伏产业为例 [J].

经济与管理研究，2017，38（5）：96-104.

［6］ 国家能源局. 国家能源局关于开展新建电源项目投资开发秩序专项监管工作的通知［EB/OL］. http：//www. nea. gov. cn/2014-10/12/c_133710840. htm 2014-10-12［2015-09-30］.

［7］ 陈炜，艾欣，吴涛，等. 光伏并网发电系统对电网的影响研究综述［J］. 电力自动化设备，2013，33（2）：26-39.

［8］ 郑超，林俊杰，赵健，等. 规模化光伏并网系统暂态功率特性及电压控制［J］. 电网技术，2013，39（4）：924-931.

［9］ 马剑，狄开丽，李锐. 提高微网光伏消纳率的价格激励需求响应分层优化方法［J］. 中国电力，2016，49（8）：99-105.

第2章 光伏发电原理

光伏发电是利用光伏半导体材料的光生伏特效应将太阳能转化为电能的技术。光伏发电系统主要由光伏组件、光伏逆变器和其他光伏发电部件构成。本章主要介绍了太阳特性、光伏组件原理、光伏逆变器原理以及光伏电站的组成。

2.1 太阳特性

2.1.1 太阳光和辐射

太阳是一个通过其中心的核聚变反应产生热量的气球体，内部温度高达 $2 \times 10^7 \mathrm{K}$。太阳内部强烈的辐射被太阳表面的一层氢离子吸收。能量以对流的形式穿透这层氢离子，然后在太阳的外表面光球层重新向外辐射。

太阳表面辐射水平几乎恒定，但其到达地球表面时会受到大气层的吸收和散射的强烈影响。当天空晴朗，太阳从顶部直射且在大气中经过时光程最短，此时到达地球表面的太阳辐射最强。该光程可用 $1/\cos\theta_z$ 近似，θ_z 为太阳光和当地垂直线夹角，水平面地外太阳辐照计算示意图如图 2-1 所示。

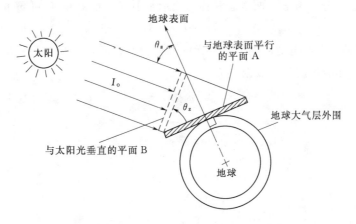

图 2-1　水平面地外太阳辐照计算示意图

光程定义为太阳辐射到地球表面必须经过的大气光学质量（air mass，AM），式（2-1）给出了光程的近似计算，这是基于对均匀无折射的大气层进行的假设，在接近地平线时将引入约 10% 的误差，即

$$AM = 1/\cos\theta_z \tag{2-1}$$

当 $\theta_z = 0°$ 时，大气光学质量称为 AM1；当 $\theta_z = 60°$ 时，大气光学质量称为 AM2；当 $\theta_z = 48.2°$ 时，大气光学质量称为 AM1.5，为光伏业界标准。

太阳光在大气层外 AM0（即大气光学质量为零）和 AM1.5 的光谱能量分布对比图如图 2-2 所示。AM0 从本质上来说是不变的，将它的功率密度在整个光谱范围积分的总和，称作太阳常数。

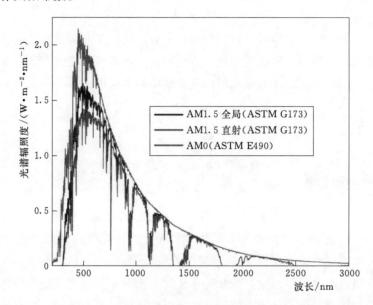

图 2-2　AM0 和 AM1.5 光谱能量分布对比图

地表全局辐照组成部分示意图如图 2-3 所示，通常将太阳本身的直射光 G_D 和来自天空的漫射光 G_B 分开考虑，两者总和称为全局辐射或总辐射 G_T，可表示为

$$G_T = G_D + G_B \tag{2-2}$$

由于不同种类光伏电池对不同波长光的响应各不相同，评判电池潜在输出能力时需要使用 ASTM 标准光谱分布数据。

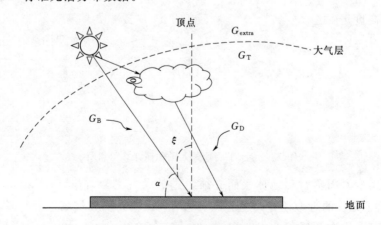

图 2-3　地表全局辐照组成部分示意图

2.1.2 太阳运动轨迹

地球绕地轴自西向东旋转，自转一周的时长为一昼夜 24h（实际 1 个恒星日为 23h 56min 04.0905s）。同时，地球绕太阳沿着椭圆形轨道（称为黄道，长轴 1.52×10^8 km，短轴 1.47×10^8 km）运行，称为公转，周期为 1 年（实际 1 个恒星年为 365 天 6h 6min 9s）。地球绕太阳公转示意图如图 2-4 所示。

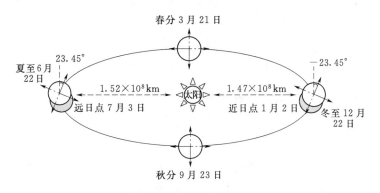

图 2-4 地球绕太阳公转示意图

从图 2-4 中可以看出，地球的自转轴与公转运行轨道面（黄道面）的法线倾斜成 23.45°夹角，而且在地球公转时自转轴的方向始终指向地球的北极，这就是太阳光直射赤道的位置有时偏南，有时偏北，形成地球上季节的变化。

北半球夏至日（6 月 21/22 日）时太阳直射北纬 23.45°的天顶，因此称北纬 23.45°为北回归线；北半球冬至日（12 月 21/22 日）即为南半球夏至日，太阳直射南纬 23.45°的天顶，因此称南纬 23.45°为南回归线。在春分日（北半球是 3 月 20/21 日）和秋分日（北半球是 9 月 22/23 日），太阳恰好直射地球的赤道平面。地球在 1 月 2 日距离太阳最近，约 1.47 亿 km，称该点为近日点。地球在 7 月 3 日距离太阳最远，约 1.52 亿 km，称该点为远日点。

太阳的高度角和方位角如图 2-5 所示。从图 2-5 中可以看到，太阳高度角是从水平方向测量的天空中太阳高度角，即太阳光线与其在地平面上投影的夹角。高度角 α 可以表示为

$$\sin\alpha = \sin L \sin\delta + \cos L \cos\delta \cos\omega \qquad (2-3)$$

式中　　L——当地位置的纬度；

　　　　δ——太阳赤纬角；

　　　　ω——在地方恒星时系统下的时角。

图 2-5 中方位角是太阳参考线与源轴的角位移。方位角 θ_S 可以表示为

$$\sin\theta_S = \frac{\cos\delta \sin\omega}{\cos\alpha} \qquad (2-4)$$

赤纬角是太阳入射光与地球赤道平面之间的夹角，如图 2-6 所示。赤纬角单位用

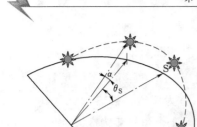
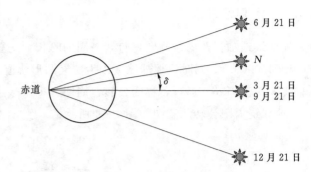

图 2-5 太阳的高度角和方位角   图 2-6 太阳的赤纬角

度数表示，三角函数以弧度表示，计算公式为

$$\delta = 23.45° \sin\left[\frac{2\pi(N-81)}{365}\right] \qquad (2-5)$$

式中 N——从 1 月 1 日开始计算的天数，如 2 月 2 日对应于 33。

太阳与当地子午圈的角距离 ω 可以表示为

$$\omega = 15°(AST - 12) \qquad (2-6)$$

式中 AST——视太阳时间，由真实或观测的太阳日运动轨迹得到。此处 AST 依据真

         太阳日定义，即太阳连续两次返回当地子午线之间的时间间隔。

真太阳日可以表示为

$$AST = LMT + EoT \pm 4°/(LSMT - LOD) \qquad (2-7)$$

式中 LMT——当地子午线时间；

      LOD——经度；

    $LSMT$——当地标准子午线时间；

      EoT——均时差。

$LSMT$ 是用于特定时区的参考子午线，与用于格林威治标准时间的本初子午线类似。$LSMT$ 可以表示为

$$LMST = 15°T_{GMT} \qquad (2-8)$$

EoT 是视太阳时间和平太阳时间之间的差异，即日晷和钟表的时间差异，两者均在同一时间特定经度获取。EoT 可以表示为

$$EoT = 9.87\sin 2B - 7.53\cos B - 1.5\sin B \qquad (2-9)$$

其中 B 可以表示为

$$B = \frac{2\pi(N-81)}{365} \qquad (2-10)$$

式中　*N*——从 1 月 1 日开始计算的天数,如 2 月 2 日对应于 33。

2.1.3　太阳辐射分量

太阳光到达地球表面过程中,穿过地球大气层的太阳辐照被削弱了大约 30%,其影响因素主要如下:

(1) 大气中分子的瑞利散射,对短波长光影响明显。

(2) 烟雾和尘埃粒子的散射。

(3) 大气气体的吸收,如氧气、臭氧、水蒸气和二氧化碳。

不同大气成分对光谱的吸收如图 2-7 中所示。臭氧强烈吸收波长低于 $0.3\mu m$ 的光波。大气层中臭氧的损耗使得这种短波长的光更多地到达地球表面,而这将对生物系统产生有害的影响。$1\mu m$ 左右的吸收光谱带,是水蒸气吸收产生的,二氧化碳吸收更长波长的光波,而大气中二氧化碳成分的改变也会对气候和生物系统产生影响。

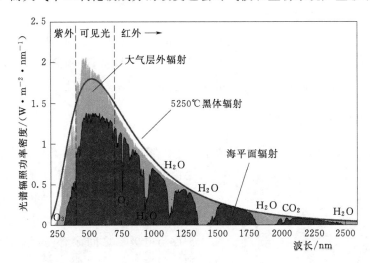

图 2-7　不同大气成分对光谱的吸收

由大气散射导致的漫射辐射如图 2-8 所示。从图 2-8 中可以看出,大气的散射作用导致了从天空中不同方向射来的漫射太阳光。由于大部分的有效散射发生在短波长范围里,漫射辐射在自然光谱的蓝端区域起主导作用,故天空呈现蓝色。AM1 辐射(太阳在头顶直射时的辐射)在天空晴朗时大约有 10% 漫射辐射成分。漫射所占的百分比随着大气光学质量或天空阴云程度的增加而增加。

云层是太阳光在大气中衰减和产生散射的一个因素,云层对太阳辐射的影响如图 2-9 所示。积云或处于低空体积较大的云层能够非常有效地阻挡太阳光。然而,大约有一半被积云阻挡的直接辐射能够以漫射辐射的形式重新到达地面。卷云或稀薄的高处云层,对阳光的阻挡不十分明显,大约 2/3 被阻挡的直接辐射能够转换成为漫射辐射。在完全阴云的天气,没有直接日照,到达地球表面的辐射大部分是漫射辐射。

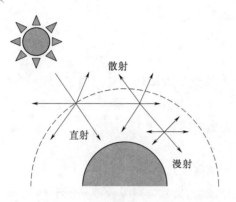

图 2-8 由大气散射导致的漫射辐射

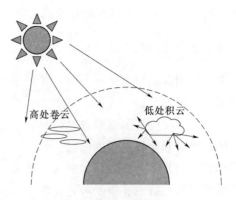

图 2-9 云层对太阳辐射的影响

2.2 光伏组件原理

光伏组件是太阳能光伏发电系统中最关键的部件之一，它的主要功能是将太阳光能转换为电能。按照制作材料的不同，光伏组件可分为晶硅组件和薄膜组件，在晶硅组件中，根据制作工艺的不同，又可分为单晶硅光伏组件以及多晶硅光伏组件。

2.2.1 太阳电池工艺结构

太阳电池片是光伏组件的最小组成单元，太阳电池片结构示意图如图 2-10 所示，它由两种不同的硅材料层叠而成，硅材料的顶层及底层有用来导电的电极栅格，在太阳电池表面通常用钢化玻璃作为保护层，在保护层与电极层之间涂有防反射涂层以增加太阳辐射透过率。

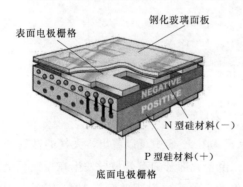

图 2-10 太阳电池片结构示意图

当半导体材料吸收的光子能量大于材料能级时，电子空穴对被激发并相向移动，通过外接电极与负载形成光生电流回路，光生电流使 PN 结上产生了一个光生电动势，这一现象被称为光生伏特效应（photovoltaic effect，PV）。光子的能量与其波长有关，因此半导体材料光伏电池表现出对光谱的选择特性。

截至目前应用最为广泛的主要是晶硅电池，这是由于晶体硅材料的能级与太阳辐射光谱的理论最大能量分布相一致，可最大限度地吸收太阳辐射能量，因而具有较高的光电转换效率。其中，单晶硅太阳电池一般以高纯的单晶硅硅棒为原料制成，其光电转换效率较好，但制作成本相对较高。多晶硅太阳电池是以多晶硅材料为基体，制作工艺与单晶硅太阳电池类似，但由于多晶硅材料多以浇铸代替了单晶硅的拉制过程，因而生产时间缩短，制造成本大幅度降低。

太阳电池片输出功率很小，一般只有几瓦。为增大输出功率，采用专用材料通过专门生产工艺把多个单体太阳电池片串、并联后进行封装，即构成了光伏组件。光伏发电应用场合多种多样，因此所用光伏组件在封装材料和生产工艺上也不尽相同。常见的地面大中型光伏电站和屋顶式光伏电站一般使用钢化玻璃层压组件，也叫平板式光伏组件，其外形图如图 2-11 所示。

从构成材料来讲，钢化玻璃层压组件主要由低铁钢化玻璃、太阳电池片、两层 EVA 胶膜、TPT 背膜及铝合金边框等组成，其结构图如图 2-12 所示。封装后的光伏组件坚固耐用，使用寿命一般可达 15 年，最高可达 25 年，但受封装材料和工艺影响，光伏组件的转换效率相对于单个电池片有所下降。

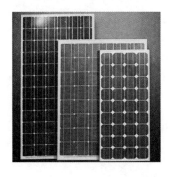

图 2-11 钢化玻璃层压组件外形图

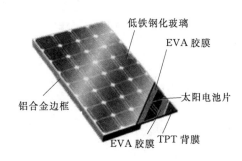

图 2-12 钢化玻璃层压组件结构图

2.2.2 太阳电池工作原理

硅太阳电池通常使用硼掺杂的 P 型硅材料和使用磷掺杂的 N 型硅材料连接组成的二极管设备。照射到电池上的光可呈现多种不同的情形，如图 2-13 所示。为使太阳电池的能量转换效率最大化，必须使其得到直接吸收的（图中的"3"）以及反射后吸收的（图中的"5"）尽可能大。

在 PN 结电场 E 的作用下，电子受力向 N 型一端移动，空穴受力向 P 型一端移动。在短路情况下载流子的理想运动情况如图 2-14 所示。一部分电子空穴对在被收集之前就复合消失了，电子空穴复合的可能模式如图 2-15 所示。

总体而言，在离 PN 结越近的地方，产生的电子空穴对越容易被收集。当 $E=0$ 时，被收集的载流子会产生一定大小的电流。

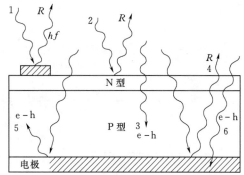

图 2-13 光线照射在太阳电池上情形
1—在顶电极部分的反射与吸收；2—在电池表面的反射；3—可用的吸收；4—电池底部的反射；5—反射后的吸收；6—背电极处的吸收；R—反射的能量；e-h—吸收的能量；hf—光的辐射能量

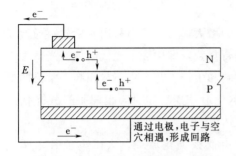

图 2-14 短路情况下 PN 结区域载流子
的理想运动情况

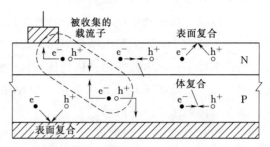

图 2-15 电子空穴复合的可能模式

在光照的情况下，描述二极管电流 I 对电压 U 间函数关系的特征曲线，即 $I-U$ 曲线如图 2-16 (a) 所示。光线的照射对太阳能电池的作用，可以认为是在原有二极管暗电流基础之上简单地添加了一个电流增量，于是二极管 $I-U$ 公式变为

$$I = I_O \left[\exp\left(\frac{qU}{nkT}\right) - 1 \right] - I_L \tag{2-11}$$

式中　I——电流；

　　　U——所施电压；

　　　I_L——光生电流；

　　　I_O——饱和暗电流；

　　　q——电子的电荷；

　　　k——波耳兹曼常数；

　　　n——理想因子；

　　　T——绝对温度。

光照能使电池的 $I-U$ 曲线向下平移到第四象限，于是二极管的电能可以被获取，如图 2-16 (a) 所示。

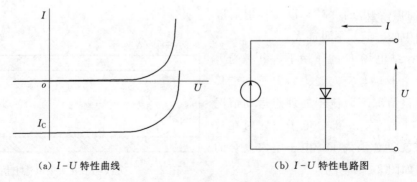

(a) $I-U$ 特性曲线　　　　　　　　(b) $I-U$ 特性电路图

图 2-16 二极管 $I-U$ 间函数特性

为便于描述电池的 $I-U$ 输出特性，常将曲线上下翻转并置于第一象限，可以表示为

$$I = I_L - I_O \left[\exp\left(\frac{qU}{nkT}\right) - 1 \right] \qquad (2-12)$$

由此可得出通常所示的光伏组件 I-U 特性曲线。

2.2.3 光伏组件性能参数

表征光伏组件在一定辐照条件下产生电能特性的是 I-U 特性曲线，光伏组件 I-U 特性曲线和 P-U 特性曲线如图 2-17 所示。

I-U 特性曲线上有 5 个重要的性能参数，即短路电流、开路电压、最大功率点电流、最大功率点电压以及最大功率。此外比较重要的还有填充因子和转换效率。

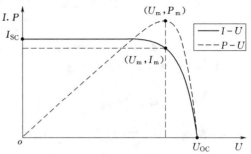

图 2-17 光伏组件 I-U 特性曲线
和 P-U 特性曲线

1. 短路电流 I_{SC}

当光伏组件的正负极短路，使电压为 0 时，此时的电流就是光伏组件的短路电流。理想情况下 $U=0$，$I_{SC} = I_L$，I_{SC} 与所接收的光照强度成正比。

2. 开路电压 U_{OC}

当光伏组件的正负极不接负载，使电流为 0 时，组件正负极间的电压就是开路电压。光伏组件的开路电压随电池片串联数量的增减而变化。

3. 最大功率点电流 I_m

最大功率点电流也叫峰值电流或最佳工作电流。最大功率点电流是指光伏组件输出最大功率时的工作电流。

4. 最大功率点电压 U_m

最大功率点电压也叫峰值电压或最佳工作电压。最大功率点电压是指光伏组件输出最大功率时的工作电压。

5. 最大输出功率 P_m

最大输出功率也叫最佳输出功率或峰值功率，它等于最大功率点电流与最大功率点电压的乘积：$P_m = I_m U_m$。光伏组件的工作表现受太阳辐照度、太阳光谱分布和组件工作温度影响很大，因此光伏组件最大输出功率应在标准测试条件下 （standard test condition，STC），即辐照度 1000W/m² 、AM1.5、测试温度 25℃时，测量得到。

6. 填充因子 FF

填充因子也叫曲线因子，是指光伏组件的最大功率与开路电压和短路电流乘积的比值，即

$$FF = P_m / (I_{sc} U_{OC}) \tag{2-13}$$

填充因子是评价光伏组件所用电池片输出特性好坏的一个重要参数，它的值越高，表明所用太阳电池片输出特性越趋于矩形，电池的光电转换效率越高。光伏组件的填充因子系数一般为 0.5～0.8，也可以用百分数表示。

7. 转换效率 η

转换效率是指光伏组件受光照时的最大输出功率与组件表面太阳辐照比值，即

$$\eta = P_m / (A \cdot R) \tag{2-14}$$

式中 A——光伏组件的有效面积；

       R——单位面积的入射光辐照强度。

2.2.4 光伏组件及阵列

光伏阵列由光伏组件通过一定的串并联连接而成，是光伏发电系统的能量接收部件。光伏阵列可分为平板式和聚光式两大类，其外观如图 2-18 所示。平板式光伏阵列只需把一定数量的光伏组件按照电性能的要求串、并联即可，不需加装汇聚阳光的装置；其结构简单，多用于固定安装的场合。聚光式阵列加有汇聚阳光的收集器，通常采用平面反射镜、抛物面反射镜或菲涅尔透镜等装置来聚光，以提高入射光谱辐照度；聚光式阵列可比相同功率输出的平板式阵列少用一些单体光伏电池，使成本下降；但通常需要装设向日跟踪装置，也因为有了转动部件，从而降低了可靠性。

(a) 平板式   (b) 聚光式

图 2-18 两种常见光伏阵列外观图

2.3 光伏逆变器原理

光伏逆变器是光伏电站中的重要部件，其主要功能是将光伏阵列输出的直流功率转换为交流功率。光伏并网逆变器的性能将直接影响光伏并网系统的稳定、安全、可靠运行，掌握光伏逆变器技术对光伏发电系统运行至关重要。光伏逆变器主要有集中式光伏逆变器、组串式光伏逆变器、集散式光伏逆变器以及微型光伏逆变器，这些逆变器大多

采用隔离变压器进行交直流隔离。

2.3.1 集中式光伏逆变器

集中式光伏逆变器是大型光伏发电系统中最常用的逆变器，一般用于兆瓦级以上的并网光伏电站。其优点为单体功率大，在一定容量的光伏电站中，相比其他类型的逆变器所需数量少，便于管理维护；电能质量高，谐波含量少，具备完善的有功功率因数调节和低电压穿越功能。其缺点在于最大功率点跟踪电压范围较窄，不能监控到每一路组件的运行情况，因此无法使每一路组件都处于最佳工作点，组件配置不够灵活。

随着集中式光伏电站装机容量的大幅提升，集中式逆变器功率等级由 250kW 逐步提升到 500kW、630kW 以及 1MW，直流侧工作电压一般为 450～820V。500kW 集中式逆变器的典型系统结构如图 2-19 所示，两台 500kW 集中式逆变器交流输出端并联后经升压变压器将光伏阵列输出的直流逆变为交流输送到电网。集中式逆变器采用的拓扑结构主要包括三相全桥结构、共直流母线多功率模块并联结构以及多路隔离输入的多模块并联结构。

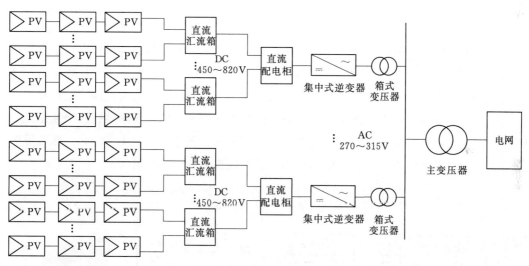

图 2-19 500kW 集中式逆变器的典型系统结构图

三相全桥式光伏逆变器拓扑结构图如图 2-20 所示，其将光伏阵列的直流电能通过逆变转换为等效正弦的能量脉冲簇后，经 LC 滤波器或者 LCL 滤波器滤除高低频谐波，再经过适配容量的三相工频变压器通过电磁转化的方式将符合电网要求的正弦交流电能馈送到电网中。三相工频变压器为逆变器外置的第一级升压变压器，它除了能够将逆变器输出电压转换为适当的近距离传输电压外，还可通过选取不同的变压器绕组接法来滤除电能中的三次谐波。

以典型三相桥式逆变电路为例，介绍集中式光伏逆变器工作原理。典型三相桥式逆变电路如图 2-21 所示，该电路主要由 6 个功率开关器件（$VT_1 \sim VT_6$）以及 6 个旁路二极管（$VD_1 \sim VD_6$）组成。在同一桥臂上，上下两个功率器件互补通、断。以 A 相桥臂为例,当其桥臂上 VT_1 导通时,相同桥臂的 VT_4 截止;当桥臂上 VT_4 导通时,VT_1 截止。当 VT_1 或其上并联的二极管 VD_1 导通时,节点 A 与光伏阵列正极相连,$U_{AO} = U_{PV}/2$;当 VT_4 或其上并联二极管 VD_4 导通时,节点 A 与光伏阵列负极相连,$U_{AO} = -U_{PV}/2$。B 相和 C 相桥臂原理与 A 相相同,其驱动信号彼此之间相差 60°。

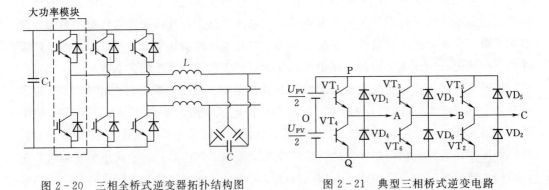

图 2-20 三相全桥式逆变器拓扑结构图   图 2-21 典型三相桥式逆变电路

2.3.2 组串式光伏逆变器

在光伏发电发展初期,光伏组件价格较高,因此光伏电站装机容量较小,通常采用几块组件组成一个光伏组串,其功率通常为几百瓦至上千瓦,直接接入单相逆变器,这即是最早的组串式光伏逆变器。经过多年的发展,当今的组串式光伏逆变器是指光伏逆变器可以直接与组串连接,无须汇流,逆变器可为单相或三相,功率多在几千瓦至几十千瓦;输出交流电压范围多为 180~500V;逆变器内含多路最大功率点跟踪,能够适应复杂环境应用需求。组串式逆变器典型系统结构图如图 2-22 所示。

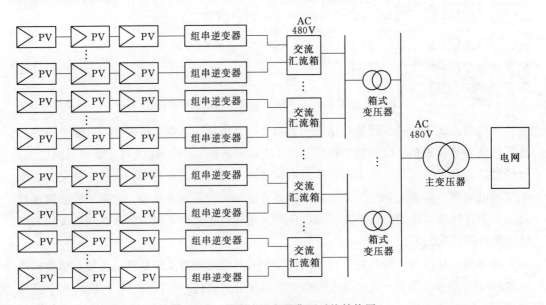

图 2-22 组串式逆变器典型系统结构图

组串式逆变器的优点在于其不受组串间模块差异和阴影遮挡的影响，减少光伏电池组件最佳工作点与逆变器不匹配的情况，最大程度增加了发电量。其缺点在于逆变器数量多，总故障率会升高，系统监控难度大，成本较集中式逆变器高。

组串式逆变器主要有二极管钳位型、飞跨电容型和级联型三种多电平拓扑结构，其在直流侧通常采用多路 MPPT 模块，以防止光伏组串由于不一致性或阴影遮挡而引起阵列输出功率下降导致的光伏系统效率降低，具备多路 MPPT 模块的组串式光伏逆变器如图 2-23 所示。

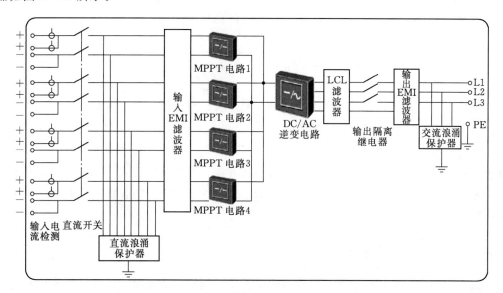

图 2-23　具备多路 MPPT 模块的组串式光伏逆变器

2.3.3　集散式光伏逆变器

集散式逆变器通过结合集中式大功率逆变器集中逆变和组串式小功率逆变器多支路最大功率点跟踪两种技术的优势，将逆变单元、光伏多支路最大功率点跟踪器进行一体化集成，从而节省系统建造成本，提高系统发电效率。集散式光伏逆变器典型系统结构图如图 2-24 所示。

集散式光伏逆变器的典型系统结构主要包括光伏最大功率点控制器和逆变单元。其中，逆变单元与传统集中式逆变器的拓扑结构及工作原理相同，

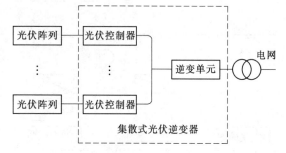

图 2-24　集散式光伏逆变器典型系统结构图

一般也是以 1MW 为一个发电单元，通过 2 个 500kW 的逆变单元模块将光伏阵列输出的直流逆变为交流，经 1 台 1000kVA 的箱式变压器升压后并入电网。集散式光伏逆变器主要的改进在逆变单元的直流侧，增加光伏最

大功率点控制器替代汇流箱，实现每 2～4 路光伏组串对应 1 路最大功率点跟踪，各最大功率点跟踪器均独立实现最大功率点跟踪，可有效降低遮挡、灰尘、组串失配的影响，提高系统发电量。光伏最大功率点控制器主要包括滤波和检测电路、DC/DC 功率模块和控制模块三个部分，一方面，光伏组串接入滤波和检测电路，将检测到的直流电压、电流信号传输至控制模块，控制模块根据检测信号对 DC/DC 功率模块发出脉冲控制信号，调整各 DC/DC 功率模块的功率输出曲线，实现最大功率点跟踪；另一方面，集散式逆变器直流输入侧由传统的 400～800V 波动电压提高到稳定的 820V，交流输出侧从传统的 270V/315V 提高到 520V，可有效降低传输损耗。

2.4　光伏发电站组成

光伏发电站通常由光伏阵列、逆变器、变压器、交流或直流配电柜、无功补偿装置等设备组成。光伏组件通过串并联形成光伏阵列，光伏阵列将太阳辐照转换为直流电能，通过汇流箱将不同组串输出的直流功率进行汇聚，并将其传输到逆变器中，逆变器将直流功率转换为交流功率，通过变压器升压并网。对于不同形式的光伏电站，其组成和汇流方式有差异，本节主要介绍集中式逆变器发电单元与组串式逆变器发电单元的典型结构。

2.4.1　集中式逆变器光伏发电单元

集中式逆变器光伏发电单元通常是先由光伏阵列输出直流电，然后经汇流箱汇流后输入到大功率逆变器直流侧，再集中逆变成交流电，最后升压并网的一种发电单元。

基于集中式逆变器的光伏发电系统典型结构图如图 2-25 所示。根据发电容量需求设计 n 个发电单元，一个发电单元一般由两个光伏阵列及其连接的大容量逆变器构成；在每个发电单元中，光伏组件通过串并联构成光伏阵列以产生一个足够高的直流电压，

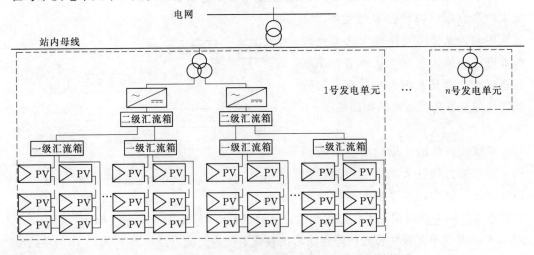

图 2-25　基于集中式逆变器的光伏发电系统典型结构图

然后通过一个并网逆变器集中将直流功率转换为交流功率；箱式变压器和站级主变压器则实现逆变器的输出电压和外部电网的电压匹配，最后交流能量输入外部电网。

采用集中式光伏逆变器建立的光伏电站主要优点是每个光伏阵列只采用一台并网逆变器，系统结构简单。这种结构在我国西北荒漠地区的大型光伏发电系统中得到了广泛的应用。西北某地区 30MW 地面大型光伏电站如图 2-26 所示，采用了 60 台某厂家的 500kW 逆变器。

图 2-26　西北某地区 30MW 地面大型光伏电站

光伏电站电气接线图如图 2-27 所示，光伏阵列串并联后与 500kW 光伏逆变器连接，两台 500kW 光伏逆变器组成 1 个光伏发电单元，经升压至 10kV 后接入站内母线，然后统一由站内主变压器升压至 35kV 后通过电站并网点输出。

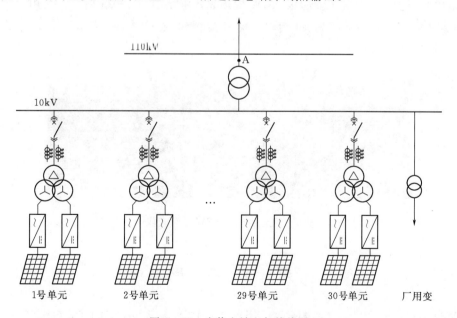

图 2-27　光伏电站电气接线图

2.4.2 组串式逆变器发电单元

与集中式光伏电站相比，组串式逆变器发电单元通常是光伏组串输出直流电直接接入逆变器逆变成交流电，多台逆变器输出的交流电汇流后经升压并网发电的一种方式。采用该种发电方式的光伏电站可减少直流设备和逆变房等配套设施，增加了交流汇流箱，缩短了高压直流的传输距离。

基于组串式光伏逆变器的光伏电站典型结构图如图 2-28 所示，采用组串式光伏逆变器的光伏发电系统将光伏组件串联起来接入并网逆变器输入端，再经升压变压器并入公用电网，这种光伏发电系统可根据光伏组串输出功率的大小选用单相或三相逆变器。

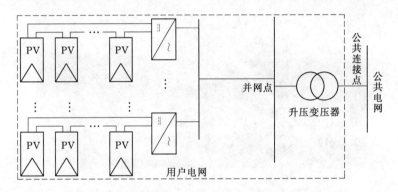

图 2-28 基于组串式光伏逆变器的光伏电站典型结构图

组串式光伏逆变器不仅适用于集中式光伏发电系统，也适用于分布式光伏发电系统，符合就近发电、就近并网、就近转换、就近使用的原则，避免了电力在升压及远距离输送中的损耗问题。某工业园区 9MW 屋顶光伏电站如图 2-29 所示，采用了 409 台 20kW 组串式光伏逆变器。每 44 台 20kW 逆变器组成 1 个光伏发电单元，然后通过 10kV 升压变接入配电网。

图 2-29 某工业园区 9MW 屋顶光伏电站

参 考 文 献

[1] 张兴，曹仁贤. 太阳能光伏并网发电及其逆变控制 [M]. 北京：机械工业出版社，2011.

［2］ S. R. Wenham. 应用光伏学［M］. 上海：上海交通大学出版社，2008.

［3］ 张军军，秦筱迪，郑飞，等. 光伏发电并网试验检测技术［M］. 北京：中国水利水电出版社，2017.

［4］ 陈坚. 电力电子学——电力电子变换和控制技术［M］. 2版. 北京：高等教育出版社，2002.

［5］ Nabae A，Tkahashi I，Akagi H. A new neutral – point – clamped PWM inverter［J］. IEEE Trans. On Industry Application，1981，IA – 17（5）：518 – 523.

［6］ 彭方正，房绪鹏，顾斌，等. Z源变换器［J］. 电工技术学报，2004，19（2）：47 – 51.

［7］ 王兆安，黄俊. 电力电子技术［M］. 4版. 北京：机械工业出版社，2000.

［8］ Salas V，Alonso – Abella M，Olias E，et al. DC current injection into the network from PV inverters of less than or equal 5kW for low – voltage small grid – connected PV systems［J］. Solar energy Materials and solar cells，2007，91（9）：801 – 806.

［9］ 李钟实. 太阳能光伏组件生产制造工程技术［M］. 北京：人民邮电出版社，2012.

［10］ A. Luque，S. Hegedus. Handbook of photovoltaic science and engineering［M］. New Jersey：Wiley，2003.

［11］ 徐瑞，腾贤亮. 大规模光伏有功综合控制系统设计［J］. 电力系统自动化，2013，37（13）：24 – 29.

［12］ 肖华锋. 光伏发电高效利用的关键技术研究［D］. 南京：南京航空航天大学，2010.

［13］ Myrzik J. M. A.，and Calais M. String and module integrated inverters for single – phase grid connected photovoltaic systems：a review［C］. Power tech conference，2004，2：2 – 8.

［14］ L. A. Serpa，S. D. Round，J. W. Kolar. A virtual – flux decoupling hysteresis current controller for mains connected inverter systems［J］. IEEE transactions on power electronics. 2007，22（5）：1766 – 1777.

［15］ Z. L. Gaing. A particle swarm optimization approach for optimum design of PID controller in AVR system［J］. IEEE transactions on energyconversion，2004，19（2）：384 – 391.

［16］ 郭卫农，段善旭. 电压型逆变器的无差拍控制技术研究［J］. 华中理工大学学报，2000（6）：30 – 33.

［17］ S. Aurtenechea，M. A. Rodríguez，E. Oyarbide et al. Predictive Control Strategy for DC/AC Converters Based on Direct Power Control［J］. IEEE on industrial electronics，2007，54（6）：1261 – 1271.

［18］ M. Cichowlas，M. Malinowski，M. Jasinski et al. DSP based direct power control for three phase PWM rectifier with active filtering function［J］. IEEE international symposium on industrial electronics，2003（1）：831 – 835.

［19］ M. Malinowski，M. P. Kamierkowski. DSP implementation of direct power control with constant switching frequency for three – phase PWM rectifiers［C］. Conference of the IEEE Industrial Electronics Society，2002，1（1）：198 – 203.

［20］ 余蜜. 光伏发电并网与并联关键技术研究［D］. 武汉：华中科技大学，2009.

［21］ Patrycjusz Antoniewicz，Marian P. Kamierkowski，Comparative Study of Two Direct Power Control Algorithms for AC/DC Converters［C］. IEEE Region 8 International Conference on Computational Technologies in Electrical & Electronics Engineering，2008：159 – 163.

［22］ 刘飞. 三相并网光伏发电系统的运行控制策略［D］. 武汉：华中科技大学，2008.

第3章 光伏发电实验室测试方法

光伏电站中光伏组件与光伏逆变器的运行性能是影响光伏电站整体性能的重要因素。为了确保产品性能，在出厂前，通常会对光伏组件及光伏逆变器性能进行实验室测试，即采用模拟光源、模拟直流源、加速老化试验箱等手段来仿真现场运行情况，进而考察光伏关键部件的运行性能并评估其在实际运行中的情况。为此，各国均出台了与组件、逆变器运行性能相关的技术标准，针对其运行性能提出指标要求。其中：光伏组件的性能指标主要包括衰减特性、性能试验、电击危害、机械压力试验等；光伏逆变器性能主要包括静动态 MPPT 效率、转换效率、加权效率等。本章主要针对光伏组件电性能、光伏组件耐候性测试、光伏逆变器效率测试等实验室测试标准及测试方法进行介绍。

3.1 光伏组件实验室测试方法

在实验室对光伏组件进行检测时，主要测试内容包括外观、安全规范以及发电性能等。光伏组件检测主要依据为《地面用光伏组件设计鉴定和定型［Terrestrial photovoltaic（PV）modules – Design qualification and type approval]》（IEC 61215）、《光伏组件安全性测试［Photovoltaic（PV）module safety qualification]》（IEC 61730）、《光伏组件性能测试及能效评定［Photovoltaic（PV）module performance testing and energy rating]》（IEC 61853）、《光伏设备　第1部分：光伏电流-电压特性测试（Photovoltaic devices – Part 1：Measurement of photovoltaic current – voltage characteristics）》（IEC 60904 – 1）。

3.1.1 测试项目

IEC 61215：2016 将原用于晶体硅光伏组件的测试标准 IEC 61215—2005［《地面用晶硅光伏组件—设计鉴定和定型》（GB/T 9535—2006）等同采用］和用于薄膜组件测试的标准 IEC 61646：2008 结合到一起，形成了一个系列标准，该系列标准包括一个总测试要求（IEC 61215 - 1）和一个总测试程序标准（IEC 61215 - 2），对于不同类型组件，采用特殊要求进行说明，IEC 61215 测试标准变更如图 3 - 1 所示。

相较于老版标准，新版标准去除了光伏组件的初始预处理，增加了光伏组件初始和最终的稳定性测试，同时将原序列 B 测试拆分成 2 个序列，即序列 A 和序列 B，被测组件由原来 8 片光伏组件更变为 10 片。光伏组件检测包括组件衰减特性试验、组件基

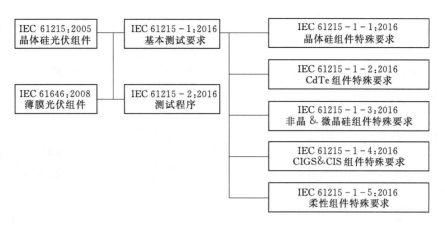

图 3-1 IEC 61215 测试标准变更

本检查、组件结构检查、组件性能测试、电击危害试验、火灾试验、机械压力试验。光伏组件测试项目对应标准中相应章节以及涉及其他标准情况见表 3-1。在 IEC 61215：2016 标准中，光伏组件性能试验以及安规试验都具采用组件质量测试（module quality tests，MQT）进行标识，如光伏组件热循环试验在 IEC 61215：2016 中的 MQT10、MQT11；在 IEC 61730-1 标准中，光伏组件结构要求在 IEC 61730-1 第 4 章都具有相应章号与之对应；在 IEC 61730-2：2004 标准中，组件安全试验采用模块安全性测试（module safety tests，MST）进行标识，如光伏组件热循环试验在 IEC 61730-2：2004 中为 MST51。

表 3-1　　　　　　　光伏组件测试项目对应标准章节及其他标准情况

衰 减 特 性 试 验			
项　目	标　准　编　号		
	IEC 61215	IEC 61730-1	IEC 61730-2	其他
热循环试验（50 次或 200 次循环）	MQT 11	—	MST 51	—
湿冻试验（10 次循环）	MQT 12	—	MST 52	—
湿热试验（1000h）	MQT 13	—	MST 53	—
紫外试验	MQT 10	—	MST 54	—
结 构 要 求			
项　目	标　准　编　号		
	IEC 61215	IEC 61730-1	IEC 61730-2	其他
结构要求	—	4	—	—
聚合物材料	—	5	—	—
内部导线和载流部件	—	6	—	—
接线	—	7	—	—
接地连接和接地	—	8	—	—
爬电距离和电气间隙	—	9	—	—

续表

结　构　要　求			
项　目	标　准　编　号		
	IEC 61215	IEC 61730 - 1	IEC 61730 - 2	其他
带盖子的现场接线盒	—	10	—	—
标识	—	11	—	—

基　本　检　查			
项　目	标　准　编　号		
	IEC 61215	IEC 61730 - 1	IEC 61730 - 2	其他
外观检查	MQT 01	—	MST 01	—

性　能　试　验			
项　目	标　准　编　号		
	IEC 61215	IEC 61730 - 1	IEC 61730 - 2	其他
最大功率确定	MQT 02	—	—	IEC 60904 - 1
温度系数测量	MQT 04	—	—	IEC 60904 - 10
标称工作温度测量	MQT 05	—	—	—
标准测试条件和电池额定工作温度下的性能	MQT 06	—	—	—
低辐照度下的性能	MQT 07	—	—	—
室外曝露试验	MQT 08	—	—	—

电　击　危　害　试　验			
项　目	标　准　编　号		
	IEC 61215	IEC 61730 - 1	IEC 61730 - 2	其他
无障碍试验	—	—	MST 11	ANSI/UL1703
剪切试验（对玻璃表面没有要求）	—	—	MST 12	ANSI/UL1703
接地连续性试验（对金属边框有要求）	—	—	MST 13	ANSI/UL1703
脉冲电压试验	—	—	MST 14	IEC 60664 - 1
绝缘耐压试验	MQT 03	—	MST 16	—
湿漏电流试验	MQT 15	—	MST 17	—

火　灾　试　验			
项　目	标　准　编　号		
	IEC 61215	IEC 61730 - 1	IEC 61730 - 2	其他
温度试验	—	—	MST 21	ANSI/UL 1703
热斑试验	MQT 09	—	MST 22	—
防火试验	—	—	MST 23	ANSI/UL 790
旁路二极管热试验	MQT 18	—	MST 25	—
反向过电流试验	—	—	MST 26	ANSI/UL 1703

机械压力试验			
项 目	标 准 编 号		
	IEC 61215	IEC 61730－1	IEC 61730－2	其他
组件破损量试验	—	—	MST 32	ANSI Z97.1
机械载荷试验	MQT 16	—	MST 34	
冰雹实验	MQT 17			

结 构 试 验			
项目	标 准 编 号		
	IEC 61215	IEC 61730－1	IEC 61730－2	其他
局部放电试验	—	—	MST 15	IEC 60664－1
导线管弯曲试验	—	—	MST 33	ANSI/UL 514C
可敲落的孔口盖试验	—	—	MST 44	ANSI/UL 514C
引线端强度试验 （包含线锚强度试验）	MQT 14	—	MST 42	—

在光伏组件安规检测方面，IEC 61730－1 主要侧重于构成光伏组件关键部件的安全性能检测，IEC 61730－2 主要侧重于光伏组件整体安全规范特性检测。

3.1.2 测试流程

IEC 61215 最早于 1993 年制定，正在使用的是 2016 年版，标准针对晶硅光伏组件进行 18 项测试，IEC 61215：2016 中各项目测试顺序如图 3－2 所示。

在新版标准 IEC 61215：2016 中，还增加了铭牌功率、开路电压、短路电流等参数的标称值要求，对于最大功率，需满足

$$P_{\max}(Lab)\left(1+\frac{|m_1|\,\%}{100}\right)\geqslant P_{\max}(NP)\left(1-\frac{|t_1|\,\%}{100}\right) \tag{3-1}$$

式中　$P_{\max}(Lab)$——光伏组件稳定状态下测试的 STC 功率值；

　　$P_{\max}(NP)$——光伏组件无容差率的标称功率；

　　m_1——$k=2$ 时的 $P_{\max}$ 实验室测试不确定度；

　　t_1——光伏组件标称功率偏差率，该数值由组件供应商提供。

对于 $\overline{P}_{\max}(Lab)$，应适应的准则为

$$\overline{P}_{\max}(Lab)\left(1+\frac{|m_1|\,\%}{100}\right)\geqslant P_{\max}(NP) \tag{3-2}$$

式中　$\overline{P}_{\max}(Lab)$——在稳态 STC 条件下测试的光伏组件最大功率算数平均数。

对于每块单独组件，其开路电压 U_{OC} 需要满足

$$U_{OC}(Lab)\left(1+\frac{|m_2|\,\%}{100}\right)\leqslant U_{OC}(NP)\left(1+\frac{|t_2|\,\%}{100}\right) \tag{3-3}$$

式中　$U_{OC}(Lab)$——光伏组件稳定状态下测试的 STC 开路电压值；

　　$U_{OC}(NP)$——光伏组件无容差率的标称开路电压；

m_2——U_{OC}实验室测试不确定度；

t_2——光伏组件开路电压偏差率，该数值由组件供应商提供。

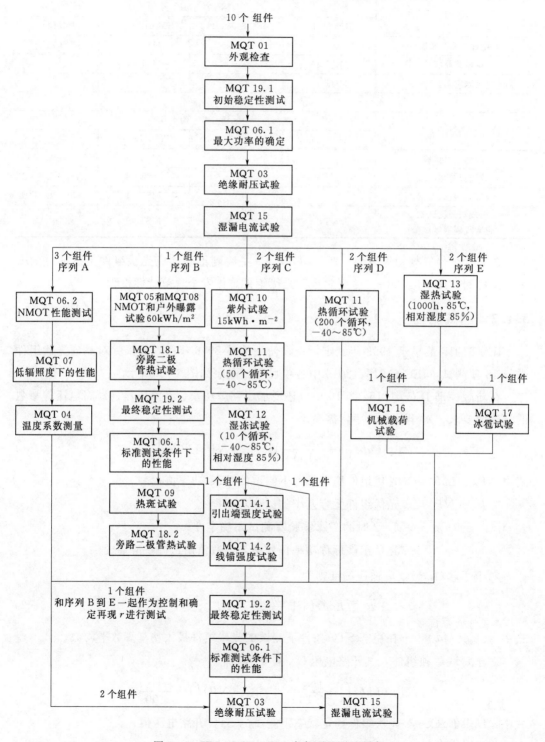

图 3-2　IEC 61215：2016 中各项目测试顺序

对于每块单独组件，其短路电流需要满足如下要求

$$I_{SC}(Lab)\left(1+\frac{|m_3|\%}{100}\right)\leqslant I_{SC}(NP)\left(1+\frac{|t_3|\%}{100}\right) \tag{3-4}$$

式中　$I_{SC}(Lab)$——光伏组件稳定状态下测试的 STC 短路电流值；

　　　$I_{SC}(NP)$——光伏组件无容差率的标称短路电流；

　　　m_3——I_{SC}实验室测试不确定度；

　　　t_3——光伏组件短路电流偏差率，该数值由组件供应商提供。

对于测试前后，光伏组件的功率衰减，新标准规定衰减率限值为 5%，同时给出了相应判定公式为

$$P_{max}(LabGateNo.2)\geqslant 0.95P_{max}(LabGateNo.1)\left(1-\frac{r\%}{100}\right) \tag{3-5}$$

式中　$P_{max}(LabGateNo.1)$——光伏组件初始功率；

　　　$P_{max}(LabGateNo.2)$——每个光伏组件下降最大功率；

　　　r——可再现性参数。

IEC 61730 标准于 2004 年制定，目前 2016 年版本分为 IEC 61730 - 1 与 IEC 61730 - 2 两个部分，其中第 1 部分为光伏组件结构检查部分，第 2 部分为试验部分。IEC 61730 侧重于光伏组件安规测试，适用于晶硅组件和薄膜组件，IEC 61730 - 2：2016 中各项目测试顺序如图 3 - 3 所示。

对比图 3 - 2 和图 3 - 3，可以看出虽然 IEC 61730：2004 侧重于光伏组件安规性能，但是其测试项目很多与 IEC 61215 以及 IEC 61646 标准重复。在 IEC 61215：2004 标准中，对绝缘耐压试验通过标准特别标注为 IEC 61215 与 IEC 61646 不同。值得注意的是，在 IEC 61730：2004 标准中，所引用的 IEC 61215 为 2004 版本、IEC 61646 为 1996 年版本，而在 IEC 61215 最新的 2005 年版本以及 IEC 61646 最新的 2008 年版本中，对于绝缘耐压试验通过要求进行了统一。

3.1.3　测试方法

在检测光伏组件时，按照测试标准（IEC 61215：2016），需要采用 10 块组件。本书就标准中重要项目的测试方法及流程进行介绍。

3.1.3.1　基本检查

在光伏组件进行基本检查时，主要是在 1000lx 的照度下，对光伏组件外观进行仔细检查。光伏组件外观检查项目如下：

（1）组件开裂、弯曲、不规整或外表面损伤。

（2）组件互连线或接头缺陷。

（3）组件有效工作区域的任何薄膜层有空隙和可见的腐蚀。

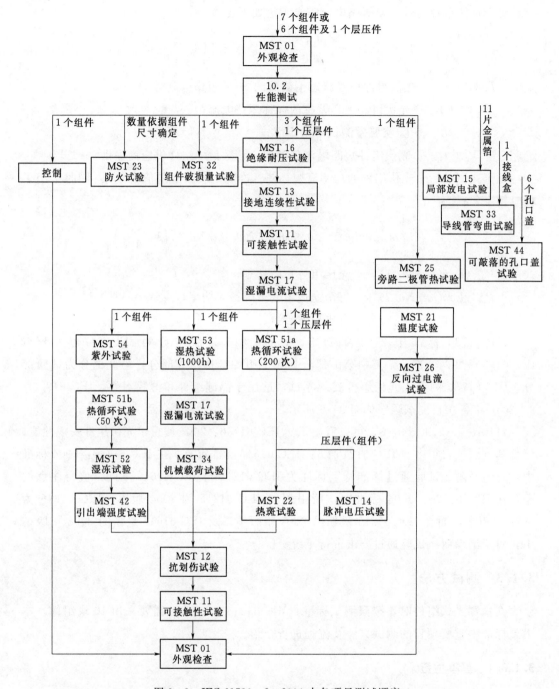

图 3 - 3　IEC 61730 - 2：2004 中各项目测试顺序

（4）组件输出连接线、互连线及主汇流线有可见的腐蚀。

（5）黏合连接失效。

（6）电池之间或电池与边框相互接触。

（7）密封材料失效。

(8) 单体电池破碎。

(9) 单体电池有裂纹。

(10) 气泡和剥层在组件边框和电池之间形成连续通道。

(11) 在塑料材料表面有粘污物。

(12) 引出端失效，电气部件裸露。

(13) 其他可能影响组件性能的情况。

3.1.3.2 衰减特性试验

1. 热循环试验

热循环试验的主要目的在于确定组件经受由于温度重复变化而引起的热失配、疲劳和其他应力的能力。该试验在环境箱中完成，环境箱的主要作用是可以按照测试曲线的要求来调节箱内温度，同时在环境箱内安装光伏组件支架，使组件周围的空气可以自由循环。试验的大致步骤如下：

（1）首先，在室温下将待测光伏组件装入环境箱，将组件的正负极分别与电流源的正负极连接。将一个准确度为±1℃的温度传感器置于组件中部的前或后表面，传感器输出连接至温度监测仪上。在 200 个热循环试验期间，将电流源的输出值设置为组件在标准测试条件下的峰值电流值（±2％内），且仅当组件温度大于 25℃ 时才对其通电流；在 50 个热循环试验期间则不需对组件通电流。

（2）关上环境箱，按图 3-4 热循环试验曲线的分布，使组件的温度在（−40±2）℃和（85±2）℃之间循环。最高和最低温度之间变化的速率不超过 100℃/h。在每个极端温度下，应至少稳定 10min 以上，一般一个循环时间不超过 6h。

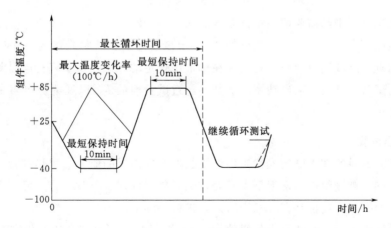

图 3-4 热循环试验曲线

（3）在整个试验过程中，记录组件的温度，并监测流过组件的电流。

在试验结束之后，给被测光伏组件至少 1h 的恢复时间。观测光伏组件在试验过程中是否存在间歇断路或漏电现象；是否存在标准中规定的严重外观缺陷；同时测试光伏组件在标准测试条件下最大输出功率的衰减,其衰减要求为不超过试验前的 5%,同时考察组件绝缘电阻是否满足初始试验要求。

2. 湿冻试验

湿冻试验的目的在于确认光伏组件对高温、高湿以及零度以下低温影响的耐受能力。湿冻试验也需要在环境箱中进行,环境箱中布置有组件支架、温度传感器以及温度测试仪。试验的大致步骤如下:

(1) 将光伏组件放置在环境箱中,温度传感器置于光伏组件中部的前或后表面,输出端与温度测试仪相连。

(2) 在测试时,将环境箱密封,按照图 3-5 湿冻试验曲线进行 10 次循环,其中最高与最低温度偏差应在所设置值的 ±2℃ 以内,当环境箱内温度高于室温时,环境箱内的湿度偏差应在 5% 以内。

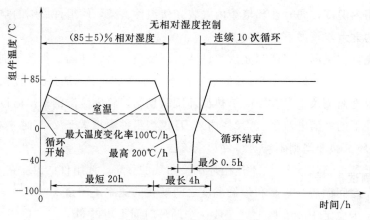

图 3-5　湿冻试验曲线

(3) 测试过程中都需要记录组件温度。

在试验结束之后,给被测光伏组件 4h 以上恢复时间。观测光伏组件在试验过程中是否存在间歇断路或漏电现象;是否存在标准中规定的严重外观缺陷;同时测试光伏组件在标准测试条件下最大输出功率的衰减不超过试验前的 5% 以及绝缘电阻是否满足初始试验的要求。

3. 湿热试验

湿热试验的目的在于确定光伏组件经受长期湿气渗透的能力,湿热试验与湿冻实验采用设备相同,被测组件为室温下未经处理的光伏组件。试验时,将环境箱中的温度控制在 (85±2)℃,湿度控制在 (85±5)%,进行 1000h 的测试。

在试验结束之后,给被测光伏组件 4h 以上恢复时间。观测光伏组件在试验过程中是否存在间歇断路或漏电现象;是否存在标准中规定的严重外观缺陷;同时测试光伏组件在标准测试条件下最大输出功率的衰减不超过试验前的 5% 以及绝缘电阻是否满足初始试验的要求。

4. 紫外试验

紫外试验的目的是确定光伏组件中容易紫外老化的材料及黏合剂的性能，该试验在热循环试验、湿冻试验前进行。进行紫外试验时，需要控制组件温度在（60±5）℃，并且需要一个辐照均匀的紫外光源，该光源 280nm 以下波长的光辐照度不可感知。试验的大致步骤如下：

（1）用经校准的辐照计测量组件试验平面内的辐照度，需要确保波长为 280～385nm 的辐照度不超过 250W/m²，辐照的不均匀偏差在 ±15% 以内。

（2）将一个开路光伏组件安放在试验平面上，光伏组件应与紫外光入射方向垂直，组件温度为（60±5）℃。

（3）用波长为 280～385nm，总辐照量为 15kWh/m²，且 280～320nm 辐照量至少为 5kWh/m² 的紫外光照射组件，在测试过程中，利用控温系统保持光伏组件温度在规定范围内。

在试验结束之后，再对光伏组件进行外观检查、最大功率点试验以及绝缘耐压试验。观测光伏组件在试验过程中是否有间歇断路或漏电现象；是否存在标准中规定的严重外观缺陷；组件在标准测试条件下最大输出功率的衰减不超过试验前的 5% 以及绝缘电阻应满足初始试验的要求。

3.1.3.3 性能试验

1. 标准测试条件下组件性能与最大功率确定

光伏组件最大功率点确定在组件测试过程中需要经常进行，其目的是在各种环境试验之前以及之后确定组件的最大功率，评价组件在环境试验中的性能。IEC 61215：2016 标准对光伏组件最大功率测试环境的要求是既可以使用自然光源，也可以使用人工光源，在实验室中，通常采用人工光源。该试验通常与标准测试条件下组件性能测试同时进行。

（1）标准条件（STC）。光伏组件性能试验中多项试验与标准测试条件相关，在标准条件下，要求测试温度为 25℃、辐照度为 1000W/m²，此外，辐照度具有标准的 AM1.5 太阳的光谱照度分布。

（2）测试方法与测试设备。实验室内光伏组件特性测试试验图如图 3-6 所示，在测试过程中需要以一块标准组件作为参考，标准组件与被测组件应置于均匀光照范围内的统一水平面。

试验时，按照 IEC 60904-1 标准在 STC 环境下进行试验，即辐照度为 1000W/m²，组

图 3-6 光伏组件特性测试试验图

件背板温度 25℃，$AM=1.5$。

2. 温度系数测量

光伏组件电流、电压以及功率等随温度变化而变化，不同温度下电流、电压与功率之间可用电流温度系数（α）、电压温度系数（β）及功率温度系数（δ）进行转换。在进行温度系数测量时，需要 B 级以上太阳模拟器。

利用太阳模拟器进行测试时，按照 IEC 60904-1 标准要求，首先在室温和所需要的辐照条件下确定光伏组件的短路电流值，将被测组件及标准组件安装在温度控制装置上，并置于太阳模拟器下，与测试设备相连。调制太阳模拟器辐照度值，使被测组件的短路电流达到室温与所需辐照度时的值，并利用标准组件确保在测试中辐照度值不变。将组件加热或冷却到一定温度，在至少有 30℃ 温差范围内测试组件 I_{sc}、U_{oc} 以及峰值功率值，每隔 5℃ 进行重复测量。

将在相同辐照，不同温度下测试得到的 I_{sc}、U_{oc} 以及 P_m 值描点画出，对每一组数据采用最小二乘法进行一次拟合，计算相应拟合曲线的斜率，即可得到电流、电压及功率的温度系数。

3. 工作温度测量

光伏组件额定工作温度的定义是在标准参考环境（standard reference environment，SRE）、敞开式支架安装的情况下，光伏组件的平均结温。标准参考环境的要求为：①组件倾角与水平面成 45°；②总辐照度 800W/m²；③环境温度 20℃；④风速 1m/s；⑤无电子负荷（开路）。

在进行光伏电站设计时，可利用额定工作温度作为光伏组件在现场工作的参考温度，在比较不同组件设计的性能时，该参数是一个较有价值的参数。太阳电池结温（T_J）基本上是环境温度（T_{amb}）、平均风速（v）和入射到组件有效表面的太阳总辐照度（G）的函数。温差（T_J-T_{amb}）在很大程度上不依赖于环境温度，在 400W/m² 辐照度以上基本上正比于辐照度。在风速适宜期间，试验要求作温差（T_J-T_{amb}）相对于 G 的曲线，外推到标准参考环境辐照度 800W/m² 得到温差（T_J-T_{amb}），再加上 20℃，即可得到初步的额定工作温度值。最后把依赖于测试期间的平均温度和风速的一个校正因子加到初步的额定工作温度中，将其修正到 20℃ 和 1m/s 时的值。

测量额定工作温度主要采用以下参考方法：

（1）基本方法，能普遍用于所有光伏组件，当组件不是设计为敞开式支架安装时，用制造厂推荐的方法进行安装，则基本方法仍可测定标准参考环境中平衡状态下的电池平均结温。

（2）参考平板法，该方法与第一种方法相比，效率更快，但仅能应用于测试与试验中所采用的标准组件有相同环境温度响应的光伏组件，参考平板法采用与基本方法相同的程序。

4. 额定工作温度下性能测量

电池额定工作温度下性能测量方法与标准环境中测量方法一致，额定工作温度测量时，需要调节光伏组件温度到组件工作额定温度上，辐照度要求为 $800W/m^2$。

5. 低辐照度下的性能

在标准测试条件下，采用中性滤波器或其他不影响光谱辐照度分布的技术将辐照度降低到 $200W/m^2$，即可对光伏组件在低辐照度下的性能进行测试。

6. 室外曝露试验

室外曝露试验主要评价光伏组件经受室外曝晒后性能衰减情况。在进行试验时，首先应保证测试的环境满足 IEC 60721 - 2 - 1 标准所规定的一般室外气候条件要求，还需避免室外环境过于恶劣。

将光伏组件与负载相连接，同时将辐照测试仪安装在与光伏组件相同的平面上。为了使光伏组件表面所接收到的辐照量尽快地达到标准所要求的 $60kWh/m^2$，通常在进行测试时利用跟踪装置增加单位时间内光伏组件的表面辐照量。

在进行曝露试验之后，需重复进行外观检查、最大功率确定以及绝缘耐压试验。检查光伏组件在进行试验之后有无严重外观缺陷，在标准测试条件下最大输出功率衰减是否不超过实验前的 5% 以及绝缘电阻是否满足初始试验的要求。

3.1.3.4　电击危害试验

1. 无障碍试验

无障碍试验主要确定非绝缘电路是否会对操作人员产生电击的危险。在测试时，将欧姆表或连续性测试仪连接到组件电路和测试夹具上，用测试夹具探头测试所有电气连接器、插头、接线盒和组件上任何电路可以到达的部位。应满足测试夹具和组件电路之间的电阻不小于 $1M\Omega$。

2. 剪切试验

剪切实验主要测定由聚合材料制作的光伏组件前后表面能否经受安装和运行期间的例行操作，并且操作人员在此期间没有触电危险。

在测试时，通常将光伏组件安装在剪切试验台上，剪切试验台如图 3 - 7 所示。将测试夹具置于组件表面 1min，然后以 $(150\pm30)mm/s$ 的速度划过组件表面，在不同点重复此步骤 5 次。此外，还须在组件背面进行相同测试。

经过剪切试验的光伏组件还需要进行外观检查，确保组件上下表面没有显著划痕，没有线路暴露；此外，组件在做完该项测试后，还须通过接地连续性试验、绝缘耐压试验以及湿漏电流试验。

3. 接地连续性试验

该试验目的是为了验证在光伏组件传导表面之间有传导通道，确保光伏组件的传导

图 3-7　剪切试验台

表面可以完全接地。

在进行试验时，选用光伏组件制造商指定的组件接地点和推荐的组件接地线，将其接到恒电流源的一端；选定到接地点之间最大的物理暴露外导线部分，接上恒电流源的另一端。将测试设备连接在已通电的两导体部分。利用恒定电流源输出（2.5±10%）倍的组件过电流保护级别电流，并维持至少 2min，测量电流和最终的电压值。同时，在附加边框上重复该测试。

在测试过程中，需检验选定的外露导电部分和组件其他导电部分之间的电阻是否小于 0.1Ω。

4. 脉冲电压试验

脉冲电压试验主要检验组件固体绝缘抵抗大气过电压的能力，同时该试验还涵盖检验由于低压开关设备而引起的过电压。

为了实现测试的可重复性，该测试在室温以及相对湿度小于 75% 的条件下进行。用铜箔将整个组件包裹起来，并将铜箔连接到脉冲电压发生器的负极，将组件引出的短接头接到脉冲电压发生器的正极，要求包裹铜箔厚 0.03～0.05mm，铜箔传导率小于 1Ω，测量范围 625mm^2，铜箔总厚度 0.05～0.07mm。

在无辐照度的情况下，对被测光伏组件施加脉冲电压，脉冲电压发生器生成脉冲电压曲线，如图 3-8 所示，脉冲电压和系统最大电压见表 3-2，在每次测量时要记录上升时间和脉冲宽度。采用三个连续脉冲进行测试，改变脉冲发生器的极性并使用三次连续脉冲。

表 3-2　　　　　　　　　　　　脉冲电压和系统最大电压　　　　　　　　　　单位：V

系统最大电压	脉冲电压		系统最大电压	脉冲电压	
	应用类别 A	应用类别 B		应用类别 A	应用类别 B
100	1500	800	600	6000	4000
150	2500	1500	1000	8000	6000
300	4000	2500			

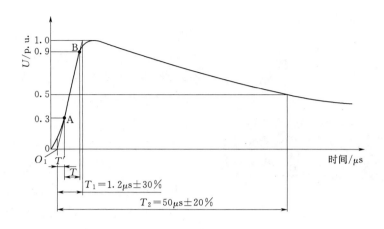

图 3-8　脉冲电压曲线

在测试过程中，检查光伏组件是否有明显的绝缘击穿或组件表面是否有破裂现象；检查组件是否有明显的外观缺陷。

5. 绝缘耐压试验

绝缘耐压试验的主要目的在于测定组件电流体和边框（外界）的绝缘性能是否足够好。测试条件应在周围环境温度满足 IEC 60068-1 的条件以及湿度不超过 75% 的环境下进行。

（1）测试时将组件引出线短路后接到有限流装置的直流绝缘测试仪正极。

（2）将组件暴露的金属部分接到绝缘测试仪的负极。如果组件无边框，或边框是不良导体，可为组件安装试验的金属支架，再将其连接到绝缘测试仪的负极。

（3）以不大于 500V/s 的速率增加绝缘测试仪的电压，直到等于 1000V 加上两倍的系统最大电压（即标准测试条件下系统的开路电压）。维持此电压 1min。如果系统的最大电压不超过 50V，所施加的电压应为 500V。

（4）在不拆卸组件连接线的情况下，降低电压到 0V，将绝缘测试仪的正负极短路 5min。

（5）拆去绝缘测试仪正负极的短路。

（6）按照步骤（1）和步骤（2）的方式连线，对组件施加一不小于 500V 的直流电压，测量绝缘电阻。

在试验过程中，应满足步骤（3）进行中，无绝缘击穿（小于 50μA）或表面无破裂线性；绝缘电阻不小于 50MΩ。

6. 湿漏电流试验

湿漏电流试验主要评估光伏组件在潮湿工作条件下的绝缘性能，确保来自雨水、雾、霜或融雪的湿气不会进入组件内部，从而引起腐蚀和安全问题。

在试验时，将光伏组件完全浸没在溶液中，光伏组件湿漏电流试验如图 3-9 所示，

图 3-9 光伏组件湿漏电流试验

对非浸泡设计的接线盒保留其入口在溶液外,电缆入口用溶液完全喷淋。若组件配有接合型接插件,试验期间接插件也应浸入溶液中。将组件引出线短路后接到绝缘测试仪的正极,用合适的金属导线将测试溶液与绝缘测试仪的负极连接。

以不超过 500V/s 的速率增大绝缘测试仪的电压,直到等于 500V 或组件的最大系统电压,保持此电压 2min,然后测定绝缘电阻值。

降低电压到 0V,将绝缘测试仪的正负极短路,放掉组件的内建电压。

对面积小于 $0.1m^2$ 的组件,其绝缘电阻应不小于 400MΩ。

对面积大于 $0.1m^2$ 的组件,其绝缘电阻与组件面积的倍数关系应不低于 $40MΩ/m^2$。

3.1.3.5 火灾试验

1. 温度试验

温度试验的目的是确定光伏组件各结构部分和材料的最高耐温参考值。测试过程中,周围环境温度应为 20~55℃。测试过程由以误差为 ±5% 的校准装置测定组件表面辐照度不小于 $700W/m^2$,所有数据应在风速不小于 1m/s 的环境下获取。

被测组件放在厚约 19mm 的木制平台上(冲压木、胶合板)。平台面对着测试样品的一面被平滑地漆上黑色。平板每边应在组件基础上至少延伸 60cm。

被测组件依据厂家的说明书安装在平台上。如果说明书中有多个安装选项,则依照可能造成最坏影响的选项进行安装。如果没有说明,则直接将组件安装在平台上。

组件部分的温度由系统进行测试,最大误差为 ±2℃。

组件应在开路和短路两种情形下操作,并且每种测试温度数据在各自对应的情形下收集。当连续 3 次读数,断开 5min,温度变化小于 ±1℃,则认为达到热稳定。

被测组件的温度 T_{obs} 由 40℃ 时的环境温度和测试时环境温度 T_{amb} 的差异进行修正,即

$$T_{con} = T_{obs} + (40 - T_{amb}) \tag{3-6}$$

式中 T_{con}——修正温度。

在温度测试中,典型的测试点包括中心电池上的组件上表层、中心电池下的组件下表层、接线盒内壁、接线盒内部空间、现场接线端子、现场接线绝缘层、外部连接体、二极管。

在测试时,光伏组件各部分的温度不得超过表 3-3 的限值,组件的任何部分没有开裂、弯曲、烧焦或类似的损伤。

表 3-3　　　　　　　　　　　　　　　光伏组件各部分温度限值

零件/材料/结构	温度限值/℃
绝缘材料*	
聚合材料	材料的相对热指数小于 20
光纤	90
酚醛化合物薄层	125
酚醛化合物模具	150
现场接线端子金属部分	比周围高 30
导线可能连接的现场接线盒	选择下列两项中要求高的那项：①材料的相对热指数小于 20；②绝缘导线的温度最好不要超过导线温度级别。另外，如果有标记说明使用导线的最小温度级别，在接线盒的一个终端点温度可能大于本表中的值，但最好不要超过 90
绝缘导线	最好不要超过导线温度级别要求
表面（边框）和相邻组件	90

＊　如果可以确定高温不会引起火灾危险或触电，那么比指定温度高也是可以接受的。

2. 防火试验

当建筑物着火时安装在建筑物上的光伏组件会暴露在火中，在此情况下，光伏组件必须具备一定的耐火性。在进行防火试验之后，对光伏组件是否还可运行无要求。

防火等级范围从 C 级（最低耐火等级）到 A 级（最高耐火等级）。最低耐火等级 C 是建筑物所必需的。

用于屋顶材料或者安装在已有屋顶上的光伏组件需要一个独特的飞火试验和表面延烧试验，该实验的具体方法可参照美国国家标准协会（American National Standard Institute，ANSI）《屋顶覆盖物防火标准试验方法》（UL 790）的附件 A。在测试时，需要提供足够多的样品用于建立表面延烧试验单—测试和飞火试验。

光伏组件系统的应达到 ANSI/UL 790 附件 A 中所规定的火焰抵抗等级。用于建筑表面的组件需要通过飞火试验和表面延烧试验；用于屋顶材料的组件需要进行附加测试（如 ANSI/UL 790）。

3. 旁路二极管热试验

旁路二极管的作用是降低热斑效应对组件的负面影响，因此，需要评估旁路二极管热设计的充分性和相对的长期可靠性。在进行旁路二极管热试验时，可按如下步骤进行：

（1）将与组件相连的所有阻塞二极管短接。

（2）由组件的标签或指示铭牌确定其在标准测试条件下的额定短路电流。

（3）为在试验过程中测量旁路二极管的温度做准备工作。

（4）将厂商推荐的最小规格导线与组件的输出端连接，按照厂商推荐方法将导线插入导线间隔间，并将导线间隔间封盖放置到原处。

（5）加热组件到（75±5）℃，给组件施加其在标准测试条件下的短路电流值大小的±2％，1h 后测量每一个旁路二极管温度，利用二极管供应商提供的信息，以及测得的二极管表面温度和内部功率消耗，计算二极管结温，其表达式为

$$T_j = T_{case} + R_{THjc} U_D I_D \tag{3-7}$$

式中　　T_j——二极管结温；

T_{case}——二极管的表面温度；

R_{THjc}——厂家提供的结温对应于表面温度的关联值；

U_D——二极管电压；

I_D——二极管电流。

（6）保持组件温度为（75±5）℃，将加在组件上的电流提高到 1.25 倍，保持该电流值 1h。

（7）确认二极管仍可正常工作。在试验完成之后，还应重复进行外观检查、最大功率确定以及绝缘耐压试验。检查光伏组件在进行试验之后有无严重外观缺陷，在标准测试条件下最大输出功率衰减是否不超过实验前的 5％以及绝缘电阻是否满足初始试验的要求。此外，（5）中定义的二极管结温不超过二极管生产厂商规定的最大结温值，试验结束后二极管仍可正常工作。

4. 反向过电流试验

组件包含电气传导材料，由绝缘材料包裹，当组件流过反向电流，在启用过电流保护装置中断电路之前，组件的接头和电池以热发散的方式释放能量。通过反向过电流试验，确定组件在此条件下点火或燃烧的危险指数。

在测试时，先将测试组件的上表面面向一块厚 9mm 的软松木板（用一层白色纱布包裹），再将组件背面用一层粗棉布覆盖。粗棉布是没有经过处理的棉线布（棉线布规格为 26～28m²/kg，线程数 32、28）。所有阻断二极管应被拆除。测试应在有大量精棉的区域进行，组件电池区域的辐照度小于 50W/m²。

在实验室中用直流电源正极连接到组件的正极。反向测试电流（I_{test}）为组件过电流保护等级电流的 135％（根据厂商提供）。测试电流由 I_{test} 的值限制，增加测试电压以观察组件的反向电流。若一直未出现最终结果则持续 2h 结束。

在测试后，判断光伏组件是否燃烧，判断与组件接触的粗棉布和薄纱布有无燃烧痕迹和烧焦，并且还需判断光伏组件湿漏电流是否符合要求。

3.1.3.6　机械压力试验

1. 组件破损量试验

组件破损量测试的目的是当光伏组件破损时，将其对周围切割或打孔的伤害减小到最少。组件破损量试验装置如图 3-10 所示。

将组件样品按照生产厂商的描述安装在框架的中间，步骤如下：

（1）预备测试时，撞击物离组件样品表面不超过 13mm，离组件中心不超过 50mm。

（2）将撞击物提升到离组件样品表面 300mm 的降落点稳定，然后释放撞击。

（3）如果组件没有破裂，重复步骤（2）将降落高度上升到 450mm。如果仍然没有破裂，重复步骤（2）并将距离上升到 1220mm。

图 3-10　组件破损量试验装置

在测试后，判断组件是否符合如下标准：

（1）当出现破损时，破损口不能大到足够自由通过一个直径为 76mm 的球。

（2）当组件表面出现解体时，在实验之后的 5min 内选择 10 个最大的无裂纹颗粒进行称重，其应不超过厚 16mm 样品的重量。

（3）当组件表面出现裂纹时，无大于 6.5cm^2 的微粒出现。

（4）样品不破裂。

2. 机械载荷试验

机械载荷试验考察组件经受风、雪等静态载荷的能力。机械载荷试验图如图 3-11 所示。

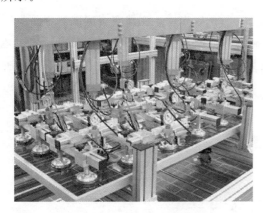

图 3-11　机械载荷试验图

在试验时，采用组件制造商的方法将组件安装于一个固定支架上。在前表面上，逐步将负荷增加到 2400Pa，使其均匀分布（负荷可采用压缩空气加压或充水的袋了覆盖在整个组件表面上，对于后一种情况，组件应水平放置），保持此负荷 1h。将组件仍置于支架上，在背表面上重复上述步骤，试验共进行 3 次循环。在试验过程中，判断光伏组件是否存在间歇短路现象；在试验后，重复判断光伏组件有无严重外观缺陷，标准测试条件下最大输出功率衰减是否不超过实验前的 5% 以及绝缘电阻是否满足初始试验的要求。

3.2　光伏逆变器效率实验室测试方法

根据光伏阵列输出特性，光伏逆变器效率不仅包括逆变器交直流侧转换效率，还包括逆变器跟踪光伏阵列最大功率点的跟踪效率（即 MPPT 效率），采用单一的转换效率指标难以完整评价并网逆变器的性能，需要测试光伏逆变器多维度效率指标以全面评价光伏逆变器性能。

国际上对光伏逆变器效率的测试研究始于 2000 年前后，并逐渐形成研究热点，相关研究部门主要集中于北美和欧洲。北美对逆变器效率测试研究主要由 Sandia 国家实验室开展，欧洲主要集中于荷兰、丹麦和德国等国家。通过多机构合作研究，形成了一系列光伏逆变器效率测试方法。

光伏逆变器实验室检测通过精确设定模拟直流源的功率输出，考察在设定功率点下的光伏逆变器效率。本节主要结合实例阐述光伏逆变器实验室效率测试与评价方法，包括逆变器动/静态 MPPT 测试方法、逆变器转换效率测试方法以及逆变器综合效率评价方法。

3.2.1　被测光伏逆变器参数

在逆变器效率实验室测试中，被测设备为一台三相 500kW 光伏逆变器，测试项目为静态 MPPT 效率、动态 MPPT 效率以及转换效率。光伏逆变器主要参数见表 3-4。

表 3-4　　　　　　　　　　　　　光伏逆变器主要参数

直　流　侧　信　息		交　流　侧　信　息	
最小功率点电压/V	450	额定功率/kW	500
最大功率点电压/V	820	额定电压/V	270
直流母线电压范围/V	450～1000	额定频率/Hz	50
		功率因数范围	-0.9～0.9

光伏逆变器实验室效率测试拓扑如图 3-12 所示，光伏逆变器效率测试的主要测试设备为光伏方阵模拟器、功率分析仪、交/直流电压/电流探头、交流模拟源等。其中光伏方阵模拟器是光伏逆变器效率测试中的最关键环节，光伏方阵模拟器的精度将直接决定逆变器效率测试的准确度。

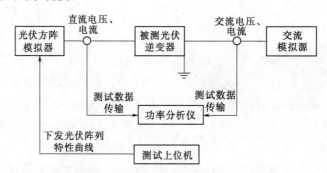

图 3-12　光伏逆变器实验室效率测试拓扑图

3.2.2　光伏逆变器静态 MPPT 效率测试分析

3.2.2.1　光伏逆变器静态 MPPT 效率测试方法

光伏逆变器通过跟踪光伏阵列最大功率点来提升逆变器整体效率，为了评价逆变器在稳态时 MPPT 控制精度，采用静态 MPPT 效率（η_{MPPTstat}）作为评价指标。通过比较一段时间内光伏逆变器直流侧输入电量和光伏方阵模拟器在一段时间内理论最大功率点的发电量，即可得到光伏逆变器静态 MPPT 效率，其表达式为

$$\eta_{\text{MPPTstat}} = \frac{1}{P_{\text{MPP,PVS}} T_{\text{M}}} \int_0^{T_{\text{M}}} u_{\text{A}}(t) i_{\text{A}}(t) \mathrm{d}t \tag{3-8}$$

式中　$u_{\text{A}}(t)$、$i_{\text{A}}(t)$——光伏逆变器直流侧电压、电流；

$\qquad P_{\text{MPP,PVS}}$——从光伏阵列可获得的最大功率值；

$\qquad T_{\text{M}}$——根据测试时间而决定的光伏阵列功率持续时间。

在实际测试中，电压电流是基于采样时间 ΔT_i 的离散时间点进行测试，因此在实际中对测试结果的处理为

$$\eta_{\text{MPPTstat}} = \frac{1}{P_{\text{MPP,PVS}} T_{\text{M}}} \sum_i U_{\text{DC},i} I_{\text{DC},i} \Delta T_i \tag{3-9}$$

式中　$U_{\text{DC},i}$、$I_{\text{DC},i}$——光伏逆变器直流侧电压、电流；

$\qquad \Delta T_i$——根据测试设备采样时间确定的测试时间间隔。

在进行光伏逆变器静态 MPPT 测试时，首先需要考虑的是光伏阵列模拟装置所模拟光伏阵列的填充因数。与低填充因数的阵列相比，高填充因数阵列的最大功率点电压与开路电压的比值相对较大，因此当与具有相同开路电压的高填充因数阵列配用时，逆变器必须能在一个更宽的电压范围内进行 MPPT 控制。根据标准 EN50530，典型晶硅光伏阵列填充因数为 0.72。

光伏阵列在实际运行时，受环境因素影响，其最大功率点 P_{m} 与最大功率电压 U_{mpp} 会发生变化，晶硅组件不同辐照度的 $I\text{-}U$ 特性图和 $P\text{-}U$ 特性曲线如图 3-13 所示，图中圆圈为最大功率点。

由图 3-13 可以看出，当辐照度不同时，光伏阵列最大功率与最大功率点电压都不相同，因此应在直流工作电压范围内不同电压等级和不同功率等级点上测试逆变器静态 MPPT 效率。

3.2.2.2　光伏逆变器静态 MPPT 测试案例

在测试光伏逆变器静态 MPPT 效率时，选取 450V、600V、800V 作为测试电压等级。在每个电压等级上选取 $5\%P_{\text{n}}$、$10\%P_{\text{n}}$、$20\%P_{\text{n}}$、$25\%P_{\text{n}}$、$30\%P_{\text{n}}$、$50\%P_{\text{n}}$、$75\%P_{\text{n}}$ 及 $100\%P_{\text{n}}$ 功率点进行测试。MPPT 效率的测量值见表 3-5，不同输入电压下的 MPPT 效率与直流功率等级关系如图 3-14 所示。

表 3-5　　　　　　　　　　　　　MPPT 效率的测量值　　　　　　　　　　　%

直流侧电压/V	功率等级							
	$5\%P_{\text{n}}$	$10\%P_{\text{n}}$	$20\%P_{\text{n}}$	$25\%P_{\text{n}}$	$30\%P_{\text{n}}$	$50\%P_{\text{n}}$	$75\%P_{\text{n}}$	$100\%P_{\text{n}}$
450	98.15	98.71	99.07	99.15	99.10	99.01	98.83	98.65
600	98.54	99.23	99.46	99.24	99.62	99.45	99.35	99.28
800	97.7	98.8	99.55	99.50	99.58	99.63	99.53	99.46

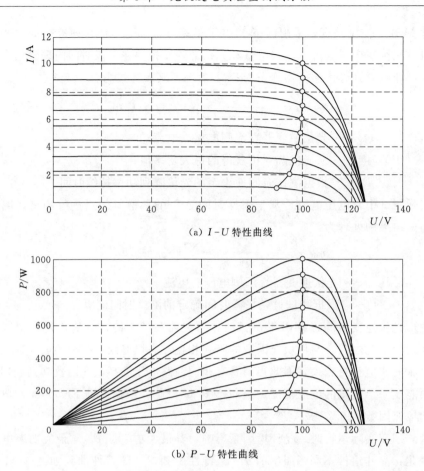

（a）$I-U$ 特性曲线

（b）$P-U$ 特性曲线

图 3-13　晶硅组件不同辐照度 $I-U$ 特性图和 $P-U$ 特性图

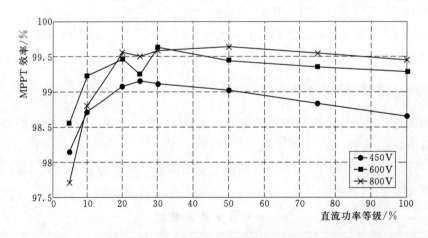

图 3-14　不同输入电压下的 MPPT 效率与直流功率等级的关系曲线

由表 3-6 及图 3-14 可以看出，该光伏逆变器静态 MPPT 效率随着逆变器直流侧电压上升而下降。在每个电压等级下，光伏逆变器效率随功率增加先增加后减小，最大静态 MPPT 效率通常集中在 30%～50% 功率等级区间段。

相同时间段内，直流侧电压 600V 时光伏逆变器在 $5\%P_n$（静态 MPPT 效率为 98.54%）以及 $30\%P_n$（静态 MPPT 效率为 99.62%）下光伏逆变器在最大功率点振荡的过程如图 3-15 和图 3-16 所示。

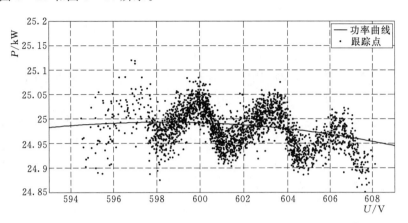

图 3-15　$5\%P_n$ 光伏逆变器跟踪最大功率点过程

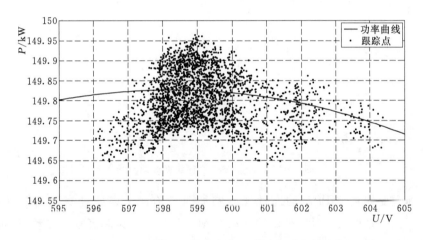

图 3-16　$30\%P_n$ 光伏逆变器跟踪最大功率点过程

由图 3-15 与图 3-16 可以看出，在 $5\%P_n$ 处，光伏逆变器 MPPT 控制电压振荡范围比较大，约为 594~608V，振荡范围达到 14V 左右。在 $30\%P_n$ 处，光伏逆变器 MPPT 控制电压振荡范围比较小，约为 596~604V，振荡范围达到 8V 左右。在功率波动上，$5\%P_n$ 与 $30\%P_n$ 下逆变器 MPPT 控制功率波动范围均为 0.3kW，相对波动分别为 1.2% 和 0.2%。

3.2.3　光伏逆变器动态 MPPT 效率测试分析

3.2.3.1　光伏逆变器动态 MPPT 效率测试方法

光伏逆变器在稳态运行时，外部环境的突然变化可能会使 MPPT 控制出现错拍等情况，造成逆变器的额外效率损耗。为评价并网光伏逆变器在辐照度波动下的 MPPT 跟踪性能，欧洲标准 EN50530 设置在辐照度不同变化速率情况下对逆变器进行 MPPT 测试。逆变器动态 MPPT 效率定义为

$$\eta_{\mathrm{MPPTdyn}} = \frac{1}{\sum_j P_{\mathrm{MPP,PVS},j} \Delta T_j} \sum_i U_{\mathrm{DC},i} I_{\mathrm{DC},i} \Delta T_i \tag{3-10}$$

式中　　$P_{\mathrm{MPP,PVS},j}$——不同步长测试中功率分析仪记录的光伏方阵 MPP 功率；

　　　　ΔT_j——MPP 功率下的持续时间。

采用梯形波对光伏逆变器动态 MPPT 效率进行测试分析。动态 MPPT 辐照度波动曲线如图 3-17 所示。其中，t_0 与 t_1 的时间间隔为辐照度上升时间，t_1 与 t_2 的时间间隔为辐照度峰值保持时间，t_2 与 t_3 时间间隔为辐照度下降时间，t_3 与 t_4 时间间隔为辐照度谷值保持时间。

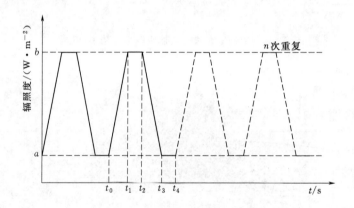

图 3-17　动态 MPPT 辐照度波动曲线

考虑到逆变器的 MPPT 动态性能与初始条件有关，因此针对图 3-17 的动态 MPPT 辐照度波动曲线，设定低辐照度动态 MPPT 效率测试和高辐照度动态 MPPT 效率测试。其中，低辐照度为辐照度由 $100\mathrm{W/m^2}$ 到 $500\mathrm{W/m^2}$，辐照步长为 $400\mathrm{W/m^2}$，稳定时间为 200s，等待时间为 150s；高辐照度为辐照度由 $300\mathrm{W/m^2}$ 到 $1000\mathrm{W/m^2}$，辐照步长为 $700\mathrm{W/m^2}$，稳定时间与等待时间与低辐照度相同。低辐照度动态 MPP 检测见表 3-6，高辐照度动态 MPP 检测见表 3-7。

表 3-6 中，低辐照度动态 MPPT 变化速率由 $0.5(\mathrm{W \cdot m^{-2}})/\mathrm{s}$ 逐步增加，最大值达到 $50(\mathrm{W \cdot m^{-2}})/\mathrm{s}$；表 3-7 中，高辐照度动态 MPPT 变化速率由 $10(\mathrm{W \cdot m^{-2}})/\mathrm{s}$ 逐步增加，最大值达到 $100(\mathrm{W \cdot m^{-2}})/\mathrm{s}$。辐照度波动越剧烈，光伏逆变器动态 MPPT 跟踪效率越不稳定。

逆变器在启停机过程中的 MPPT 控制效率同样也是光伏逆变器效率考察的因素之一。设计试验测试逆变器启停机过程中逆变器 MPPT 控制效率，辐照度由 $2\mathrm{W/m^2}$ 上升至 $100\mathrm{W/m^2}$ 后再下降回 $2\mathrm{W/m^2}$，启停机测试见表 3-8。

表 3-6 低辐照度动态 MPP 检测

次数	变化速率 /(W·m⁻²·s⁻¹)	上升时间 /s	峰值保持时间 /s	下降时间 /s	谷值保持时间 /s
2	0.5	800	10	800	10
2	1	400	10	400	10
3	2	200	10	200	10
4	3	133	10	133	10
6	5	80	10	80	10
8	7	57	10	57	10
10	10	40	10	40	10
10	14	29	10	29	10
10	20	20	10	20	10
10	30	13	10	13	10
10	50	8	10	8	10

表 3-7 高辐照度动态 MPP 检测

次数	变化速率 /(W·m⁻²·s⁻¹)	上升时间 /s	峰值保持时间 /s	下降时间 /s	谷值保持时间 /s
10	10	70	10	70	10
10	14	50	10	50	10
10	20	35	10	35	10
10	30	23	10	23	10
10	50	14	10	14	10
10	100	7	10	7	10

表 3-8 启 停 机 测 试

次数	变化速率 /(W·m⁻²·s⁻¹)	上升时间 (t_1-t_0) /s	峰值保持时间 (t_2-t_1) /s	下降时间 (t_3-t_2) /s	谷值保持时间 (t_4-t_3) /s
1	0.1	980	30	980	30

3.2.3.2 光伏逆变器动态 MPPT 测试案例

光伏逆变器动态 MPPT 效率测试与评价分为低辐照度测试、高辐照度测试以及启停机检测。在测试时，通过上位机设定光伏方阵模拟器输出 $P\text{-}U$ 曲线变化方式以及变化速率。

1. 低辐照度检测

调节光伏方阵模拟器输出曲线参数，使辐照度 $G=1000\text{W/m}^2$ 工况下对应最大输出功率等于被测设备额定输入功率 $P_{DC,r}$。待被测逆变器输出稳定后，按照图 3-17 曲线变化调节光伏方阵模拟器辐照度参数，并记录输入电压和输入电流。若被测逆变器在 MPPT 模式下无法稳定运行，应至少等待 5min 再进行测量。低辐照度下的动态 MPPT 效率值测试如图 3-18 所示。

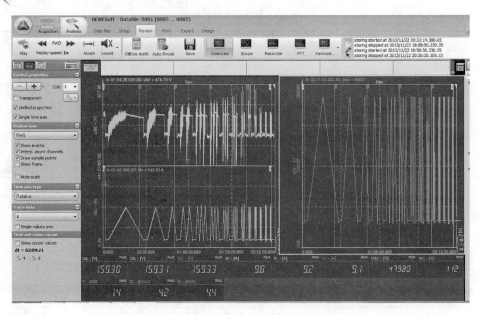

图 3-18　低辐照度下的动态 MPPT 效率值测试

由图 3-18 可以看出，该逆变器在进行动态 MPPT 跟踪时，当光伏方阵模拟器功率在上升阶段，逆变器直流侧电压波动较大，随着光伏方阵模拟器上升速率的增加，逆变器直流侧电压波动范围增大。光伏逆变器直流侧电流与功率变化趋势基本与光伏方阵模拟器变化一致。逆变器低辐照度下的动态 MPPT 效率值测试顺序见表 3-9。

表 3-9　　　　　　　　　　　低辐照度下的动态 MPPT 效率值测试顺序

重复次数	变化速率/(W·m⁻²·s⁻¹)	上升时间/s	动态 MPPT 效率/%
2	0.5	800	99.52
2	1	400	99.27
3	2	200	99.15
4	3	133	99.13
6	5	80	98.74
8	7	57	98.48
10	10	40	97.98
10	14	29	97.29
10	20	20	96.57
10	30	13	97.23
10	50	8	96.85
平均效率			98.20

由表 3-9 可以看出，低辐照度下被测逆变器动态 MPPT 效率并非完全根据直流侧功率上升速率的提升而下降。在低辐照度下，该逆变器变化速率为 $0.5(\text{W}\cdot\text{m}^{-2})/\text{s}$ 时，最大动态 MPPT 效率为 99.52%；变化速率为 $20(\text{W}\cdot\text{m}^{-2})/\text{s}$ 时，最小动态 MPPT 效率为 96.57%。针对这两个变化速率下的动态 MPPT 效率进行以下分析：

当光伏方阵模拟器变化速率为 $0.5(W \cdot m^{-2})/s$ 时，在功率上升阶段，逆变器直流侧电压一直存在较大扰动，逆变器直流侧电压与电流如图 3-19（a）所示，这种扰动造成逆变器直流侧功率上升阶段一直伴有小幅波动，动态 MPPT 跟踪效率略低于下降阶段。由于光伏方阵模拟器变化步长较小，光伏逆变器直流侧功率可以很好地跟踪光伏方阵模拟器功率的变化，光伏方阵模拟器与逆变器直流侧功率如图 3-19（b）所示。光伏逆变器电压与功率曲线如图 3-20 所示，由于逆变器直流侧电压波动范围较小，因此在光伏方阵模拟器输出直流侧功率变化时，逆变器直流侧功率基本在每条 P-U 曲线最大功率点附近。

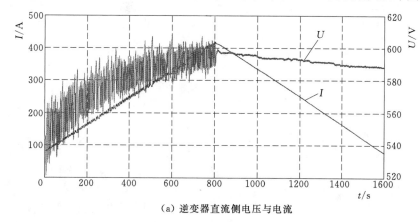

（a）逆变器直流侧电压与电流

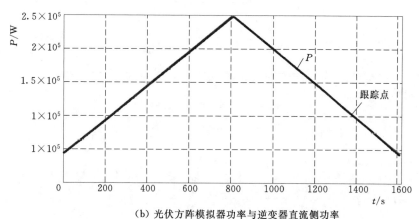

（b）光伏方阵模拟器功率与逆变器直流侧功率

图 3-19 低辐照度下的动态 MPPT 效率值测试

当光伏方阵模拟器变化速率为 $20(W \cdot m^{-2})/s$ 时，在光伏方阵模拟器上升阶段逆变器直流侧电压存在波动，逆变器直流侧电压与电流曲线如图 3-21（a）所示。与图 3-19（a）对比可以看出，在功率上升阶段，直流侧电压波动十分剧烈，逆变器直流侧功率受到影响，无法很好地跟踪光伏方阵模拟器功率变化，光伏方阵模拟器功率与逆变器直流侧功率曲线如图 3-21（b）所示。光伏逆变器 P-U 曲线如图 3-22 所示，光伏方阵模拟器输出直流侧功率变化时，逆变器直流侧功率波动剧烈，偏离最大功率点情况严重。

光伏逆变器在动态 MPPT 上升阶段，首先由低辐照 P-U 曲线的最大功率点向开

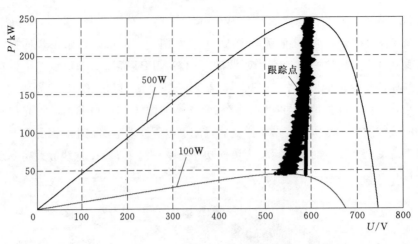

图 3-20　光伏逆变器 P-U 曲线

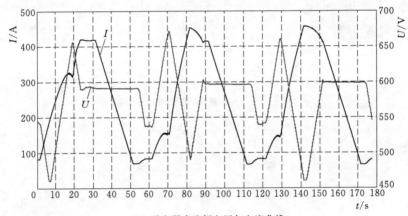

（a）逆变器直流侧电压与电流曲线

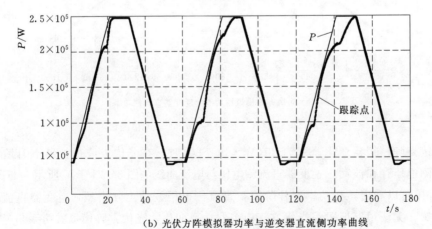

（b）光伏方阵模拟器功率与逆变器直流侧功率曲线

图 3-21　低辐照度下的动态 MPPT 效率值测试

路电压处变化，在变化过程中功率随之上升，然后跟踪电压降低，功率仍然上升，最后
电压上升，逆变器跟踪到高辐照 P-U 曲线的最大功率点。当辐照度下降时，逆变器直

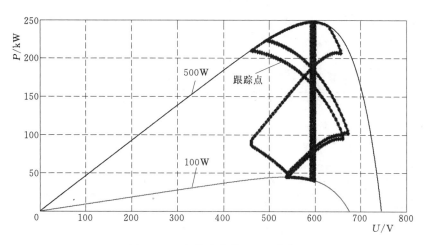

图 3-22 光伏逆变器 P-U 曲线

流侧电压按照由高辐照 P-U 曲线竖直下降至低辐照 P-U 曲线。

2. 高辐照度检测

调节光伏方阵模拟器输出曲线参数，使辐照度 $G=1000\text{W/m}^2$ 工况下对应最大输出功率等于被测逆变器额定直流功率 $P_{\text{DC.r}}$。待被测逆变器输出稳定后，调节光伏方阵模拟器辐照度参数，并记录输入电压和输入电流。若被测逆变器在 MPPT 模式下无法稳定运行，应至少等待 5min 再进行测量。高辐照度下动态 MPPT 效率测试结果如图 3-23 所示。

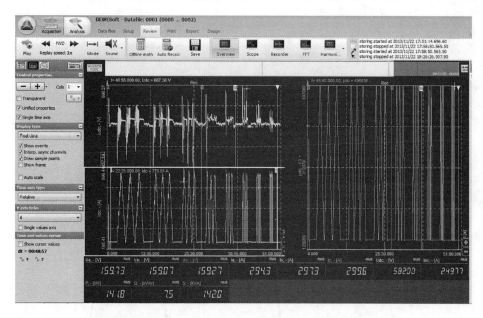

图 3-23 高辐照度下动态 MPPT 效率测试结果

由图 3-23 可以看出，在整个动态 MPPT 过程中，受光伏逆变器直流侧稳压电容的影响，在光伏方阵模拟器功率上升时，光伏逆变器直流侧电压波动较为剧烈；在光伏方阵模拟器功率下降时，光伏逆变器直流侧电压较为平稳。而逆变器直流侧电流可以稳定跟踪光伏方阵模拟器直流侧功率的变化，从而保证逆变器在整个动态 MPPT 过程中可以跟踪直流侧功率。逆变器高辐照度动态 MPPT 效率测试结果见表 3 - 10。

表 3 - 10　　　　　　　　　高辐照度下动态 MPPT 效率测试结果

重复次数	变化速率/(W·m⁻²·s⁻¹)	上升时间/s	动态 MPPT 效率/%
10	10	70	99.35
10	14	50	98.92
10	20	35	98.16
10	30	23	98.84
10	50	14	99.28
10	100	7	95.22
平均效率			98.30

对这两个步长变化下的逆变器动态 MPPT 效率进行详细分析。当光伏方阵模拟器变化速率为 $100(W·m^{-2})/s$ 时，情况与低辐照 $20(W·m^{-2})/s$ 时相同。由于直流侧电压波动剧烈，在每个电压极大值处，电流会有小幅回落，随后继续增大，此时电压降低至最大功率点，逆变器直流侧电压与电流曲线如图 3 - 24（a）所示。由于电流跟踪明

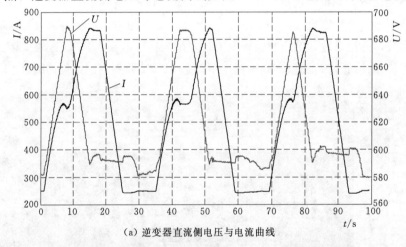

（a）逆变器直流侧电压与电流曲线

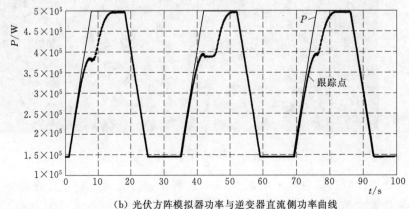

（b）光伏方阵模拟器功率与逆变器直流侧功率曲线

图 3 - 24　高辐照度下的动态 MPPT 效率值测试

显滞后于辐照度变化，逆变器直流侧功率损耗明显，光伏方阵模拟器功率与逆变器直流侧功率曲线如图 3-24（b）所示。光伏逆变器 $P-U$ 曲线如图 3-25 所示。

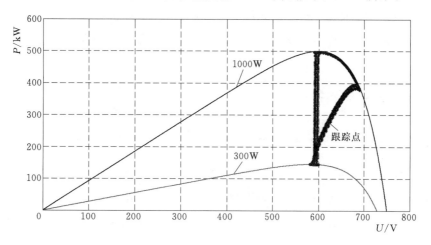

图 3-25　光伏逆变器 $P-U$ 曲线

3. 启停机检测

调节光伏方阵模拟器输出曲线参数，使辐照度 $G=1000\text{W}/\text{m}^2$ 工况下对应最大输出功率等于被测逆变器额定直流功率 $P_{\text{DC.r}}$，记录被测光伏逆变器的启停机次数，记录启动和停机时的辐照度、输入电压值和输入电流值。待被测逆变器输出稳定后，调节光伏方阵模拟器辐照度参数，并记录输入电压和输入电流。若被测逆变器在 MPPT 模式下无法稳定运行，应至少等待 5min 再进行测量。在光伏逆变器启停机阶段，其动态MPPT 效率为 98.91%。启动与停机效率测试如图 3-26 所示。

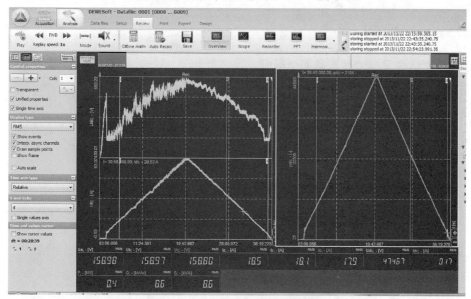

图 3-26　启动与停机效率测试

由图 3-26 可以看出，在光伏逆变器启动前光伏方阵模拟器给直流侧电容充电，使其与光伏方阵模拟器开路电压相等，逆变器开始工作时，从开路电压迅速搜索到光伏方阵模拟器输出 $P-U$ 曲线的最大功率点。而在光伏逆变器停机过程中，由于直流侧电容作用，逆变器停机过程电压变化较为平缓，可以很好地跟踪光伏方阵模拟器输出电压和功率的变化。

3.2.4　光伏逆变器转换效率测试与分析

3.2.4.1　光伏逆变器转换效率测试方法

交直流转换效率考察光伏逆变器交直流转换的能力，不同功率器件、拓扑结构以及调制方式对光伏逆变器交直流转换效率都会有影响。通过交直流转换效率测试，评价不同结构及控制方式下的逆变器效率。从逆变器功率器件损耗可以看出，功率器件的开通损耗在不同功率等级下对逆变器效率影响不相同；同时功率器件的开关损耗与逆变器直流侧电压等级、开关频率等直接相关，为了全面评价光伏系统转换效率，应与静态 MPPT 效率测试所包含测试内容相似，即测试光伏逆变器在不同直流侧电压与功率等级下交直流的转换效率。

交直流转换效率为一段时间内光伏逆变器交流侧输出电量与直流侧输入电量之比，可以表示为

$$\eta_{\text{cov}} = \frac{\sum\limits_{i} U_{\text{AC},i} I_{\text{AC},i} \Delta T_i}{\sum\limits_{i} U_{\text{DC},i} I_{\text{DC},i} \Delta T_i} \tag{3-11}$$

式中　$U_{\text{AC},i}$——光伏逆变器交流电压；

$I_{\text{AC},i}$——光伏逆变器电流。

3.2.4.2　光伏逆变器转换效率测试案例

在测试光伏逆变器转换效率时，选取 450V、600V 以及 800V 作为测试电压等级。在每个电压等级上选取 $5\%P_n$、$10\%P_n$、$20\%P_n$、$25\%P_n$、$30\%P_n$、$50\%P_n$、$75\%P_n$ 及 $100\%P_n$ 功率点进行测试。转换效率测量值见表 3-11，不同输入电压下转换效率与直流功率等级的关系曲线如图 3-27 所示。

表 3-11　　　　　　　　　　转换效率的测量值　　　　　　　　　　　　%

直流侧电压 /V	功率等级							
	$5\%P_n$	$10\%P_n$	$20\%P_n$	$25\%P_n$	$30\%P_n$	$50\%P_n$	$75\%P_n$	$100\%P_n$
450	97.60	98.00	97.99	97.91	97.84	97.45	97.51	97.26
600	94.84	96.76	97.41	97.52	97.52	97.40	97.18	96.86
800	96.56	97.36	97.51	97.47	97.42	96.88	97.04	96.77

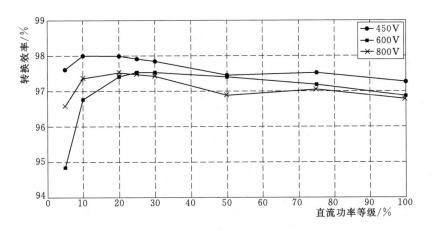

图 3-27 不同输入电压下转换效率与直流功率等级的关系曲线

由图 3-27 可以看出，逆变器转换效率随着功率等级上升呈现先上升后下降的变化，在功率等级较低处，逆变器功率器件损耗特别是开关损耗所占比重较大，导致其效率降低。随着功率等级上升，在（30%~50%）P_n 等级处逆变器转换效率出现最大值。当继续增大逆变器直流侧功率时，功率器件导通损耗增加导致逆变器转换效率降低。

3.2.5 光伏逆变器整体效率测试与分析

静态 MPPT 效率与转换效率随直流侧电压变化呈现不同的变化趋势，仅从静态 MPPT 效率或转换效率单一指标都无法判断不同光伏逆变器在相同电压与功率等级下的效率高低。因此，采用光伏逆变器整体效率进行分析。光伏逆变器总效率为光伏逆变器从 MPPT 控制到自身交直流转换整体效率，可以表示为

$$\eta_{overall} = \eta_{cov} \eta_{MPPTstat} \tag{3-12}$$

式中　$\eta_{overall}$——逆变器整体效率；

　　　η_{cov}——逆变器交直流转换效率；

　$\eta_{MPPTstat}$——逆变器静态 MPPT 效率。

将光伏逆变器静态 MPPT 效率与转换效率代入式（3-12），可得在不同直流电压等级与不同功率等级下逆变器总效率，逆变器整体效率的测量值见表 3-12，不同输入电压下的总效率与直流功率等级的关系曲线如图 3-28 所示。

表 3-12　　　　　　　　　　　　　逆变器整体效率的测量值　　　　　　　　　　　%

直流侧电压 /V	功　率　等　级						
	$5\%P_n$	$10\%P_n$	$20\%P_n$	$25\%P_n$	$30\%P_n$	$50\%P_n$	$75\%P_n$	$100\%P_n$
450	95.79	96.74	97.08	97.08	96.96	96.49	96.37	95.95
600	93.46	96.01	96.88	96.78	97.15	96.86	96.55	96.16
800	94.34	96.19	97.07	96.98	97.01	96.52	96.58	96.24

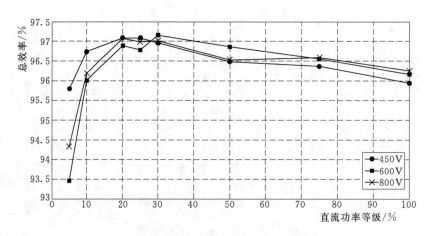

图 3-28　不同输入电压下的总效率与直流功率等级的关系

由表 3-13 及图 3-28 可以看出，当直流侧电压为 600V 即在该光伏逆变器最佳MPPT 工作电压时，在 $30\%P_n$ 等级处达到最大效率，为 97.15%。并且在该电压等级下，$(30\%\sim75\%)P_n$ 逆变器总效率都大于其他几个电压等级下对应效率。

3.2.6　光伏逆变器效率评价方法

光伏逆变器效率评价不仅与逆变器本身性能有关，还与逆变器使用地区辐照资源相关。欧美等发达国家已经制定相关技术标准或法规，如《并网光伏逆变器总效率（Overall efficiency of grid connected photovoltaic inverters）》（EN 50530—2010）推出欧洲效率加权和加州效率加权，即通过不同输出功率条件下逆变器的发电效率配以不同加权系数来模拟真实使用环境，综合评价光伏逆变器发电效率。

3.2.6.1　欧洲效率与加州效率分析

欧洲效率与加州效率分别基于德国慕尼黑地区辐照资源与美国加州地区辐照资源分布特征提出，目的是在对应逆变器直流侧功率点上给出相应的权重系数综合评价光伏逆变器效率。光伏逆变器欧洲效率与加州效率测试功率等级见表 3-13。

表 3-13　　　　　　　　　　光伏逆变器欧洲效率与加州效率等级

功率等级 $P_{MPP,PVS}/P_{DC,r}$	MPP_1	MPP_2	MPP_3	MPP_4	MPP_5	MPP_6	MPP_7
	0.05	0.1	0.2	0.3	0.5	0.75	1
欧洲效率系数	α_{EU_1}	α_{EU_2}	α_{EU_3}	α_{EU_4}	α_{EU_5}	α_{EU_6}	α_{EU_7}
	0.03	0.06	0.13	0.1	0.48	—	0.2
加州效率系数	α_{CEC_1}	α_{CEC_2}	α_{CEC_3}	α_{CEC_4}	α_{CEC_5}	α_{CEC_6}	α_{CEC_7}
	—	0.04	0.05	0.12	0.21	0.53	0.05

表 3-13 中，$P_{MPP,PVS}$ 为光伏阵列模拟器 MPP 功率，$P_{DC,r}$ 为光伏逆变器额定输入功率；MPP_i 为功率等级，α_{EU_i} 为对应功率等级下欧洲效率加权系数；α_{CEC_i} 为对应功

率等级下加州效率加权系数。

由表 3－13 可以看出，欧洲效率在 $0.75P_{DC,r}$ 功率点处无加权系数，而加州效率在 $0.05P_{DC,r}$ 功率点处无加权系数。这是因为欧洲辐照资源较弱，因此低辐照资源所占比重较高；而加州地区辐照资源较强，因此在加权系数制定时偏重高辐照度地区。

根据欧洲效率及加州效率的加权系数，即可求得光伏逆变器综合效率 $\eta_{\text{inverter-all}}$，其表达式为

$$\eta_{\text{inverter-all}} = \sum_{i=1}^{n} \alpha_{\text{EUR\_CEC\_}i} \cdot \eta_{\text{mean-}i} \tag{3-13}$$

式中　$\alpha_{\text{EUR\_CEC\_}i}$——对应的欧洲效率系数或加州效率系数。

在指定欧洲效率加权系数时，选取德国慕尼黑地区一年的日照强度数据，分别对应欧洲效率的分档区间，统计其不同区间的年累计发电量，在此基础上计算出每段功率分档水平上年总发电量的权重占比。在确定功率点之后选取功率范围时，尽量选取中间值作为统计区间切换点，同时保证每个统计区间的平均光照强度接近功率分档点。比如针对 50％点，选取上下切换点分别为 35％ 与 65％，以保证 50％统计区间的平均光照接近于 $500\text{W}/\text{m}^2$。计算这些区间内平均辐照度 $I_{\text{mean-}i}$ 以及这些辐照度所累积的时间 t_i，得到该地区不同辐照等级下的累计能量 $I_{\text{sum-}i}$，可以表示为

$$I_{\text{sum-}i} = I_{\text{mean-}i} t_i \tag{3-14}$$

计算在测试时间段内当地总辐照累计能量 I_{sum}，表达式为

$$I_{\text{sum}} = \sum_{i=1}^{n} I_{\text{sum-}i} \tag{3-15}$$

根据式（3－14）及式（3－15）可求出不同辐照等级下的能量占比，表达式为

$$\alpha_i = \frac{I_{\text{sum-}i}}{I_{\text{sum}}} \tag{3-16}$$

将计算得的能量占比进行取整，得到一组权重数值，将此权重与实际欧洲效率中所给出的各功率点权重进行比对，结果见表 3－14。

表 3－14　　　　　　慕尼黑地区光照资源分布与欧洲效率权重对比

负载点 /%	范围 /%	时间 /h	平均辐照强度 /(W·m⁻²)	累计能量 /(W·h·m⁻²)	能量占比 /%	取整权重	欧洲效率 权重	偏差/%
5	0.1～7.5	954	37.01	35308	0.0308	0.03	0.03	0
10	7.51～14.99	718	110.14	79081	0.0691	0.07	0.06	0.01
20	15～24.99	747	197.11	147241	0.1286	0.13	0.13	0
30	25～34.99	556	298.5	165966	0.1449	0.14	0.1	0.04
50	35～64.99	1084	481.17	521588	0.4555	0.46	0.48	−0.02
100	65～100	268	730.6	195801	0.171	0.17	0.2	−0.03
总计	—	4327	309.1	1144985	1	1	1	0.1

针对加州效率加权系数制定时，选取美国洛杉矶地区与达拉斯地区一年的辐照强度，按照欧洲效率中功率范围选取的原则对应 CEC 效率的分档区间，统计不同区间的

年累计发电量，在此基础上计算出每段功率分档水平上的年总发电量的权重占比，光照资源分布与 CEC 效率权重见表 3－15。

表 3－15　　　　　　美国洛杉矶、达拉斯地区光照资源分布与 CEC 效率权重

负载点/%	负载范围/%	达拉斯权重	洛杉矶权重	平均值	取整	CEC 权重	偏差/%
10	0.01～15	0.03	0.03	0.03	0.03	0.04	－0.01
20	15.01～25	0.06	0.05	0.055	0.05	0.05	0
30	25.01～40	0.13	0.12	0.125	0.13	0.12	－0.01
50	40.01～57	0.22	0.22	0.22	0.22	0.21	－0.01
75	57.01～92.5	0.50	0.52	0.510	0.51	0.53	0.02
100	92.5～100	0.06	0.06	0.060	0.06	0.05	－0.01
总计	—	1855	1925	—	1	1	0.00

由以上分析可看出，欧洲效率和加州效率在制定时主要依据当地辐照量，并按照负载点进行分档，以 $1000\mathrm{W/m^2}$ 辐照度为基准，尽量保证分档范围内平均辐照强度与负载点辐照度相同。

3.2.6.2　我国的效率评价方法

根据标准《光伏并网逆变器中国效率技术条件》（CGC GF035：2013），将我国根据辐照资源的不同，分为四类辐照资源区，分别为：Ⅰ类资源丰富带，年均辐照度 $>6700\mathrm{MJ/(m^2 \cdot a)}$；Ⅱ类资源较丰富带，年均辐照量为 $5400\sim6700\mathrm{MJ/(m^2 \cdot a)}$；Ⅲ类资源一般带，年均辐照量为 $4200\sim5400\mathrm{MJ/(m^2 \cdot a)}$；Ⅳ类资源贫乏带，年均辐照量 $<4200\mathrm{MJ/(m^2 \cdot a)}$。

在每类资源区内选取有代表性区域分析不同功率区间的年累积发电量，按照欧洲效率及加州效率系数选取原则，在此基础上选取相对稳定且能覆盖全功率范围的统计区间，计算出每个功率点上年发电量的权重占比，我国效率加权值见表 3－16。

表 3－16　　　　　　　　　我国效率加权值

功率等级	MPP_1	MPP_2	MPP_3	MPP_4	MPP_5	MPP_6	MPP_7
$P_{\mathrm{MPP,PVS}}/P_{\mathrm{DC,r}}$	0.05	0.1	0.2	0.3	0.5	0.75	1
效率系数	α_{CGC_1}	α_{CGC_2}	α_{CGC_3}	α_{CGC_4}	α_{CGC_5}	α_{CGC_6}	α_{CGC_7}
	0.02	0.03	0.06	0.12	0.25	0.37	0.15

参　考　文　献

［1］　International Electrotechinal Commission. IEC 61215：2005　Crystalline silicon terrestrial photovoltaic
　　　（PV）modules - Design qualification and type approval，2005.

［2］　International Electrotechinal Commission. IEC 61646—2008　Thin - film terrestrial photovoltaic

(PV) modules – Design qualification and type approval，2008.

［3］ International Electrotechinal Commission. IEC 61730 – 1：2004　Photovoltaic (PV) module safe-
ty qualification – Part 1：Requirements for construction，2004.

［4］ International Electrotechinal Commission. IEC 61730 – 2：2004　Photovoltaic (PV) module safe-
ty qualification – Part 2：Requirements for testing，2004.

［5］ International Electrotechinal Commission. IEC 61853 – 1　Photovoltaic (PV) module perform-
ance testing and energy rating – Part 1：Irradiance and temperature performance measurements
and power rating，2011.

［6］ IEC 61853 – 2　Photovoltaic (PV) module performance testing and energy rating – Part 2：Spec-
tral response，incidence angle and module operating temperature measurements（IEC 82/774/
CDV），2013.

［7］ IEC 60904 – 8　Photovoltaic devices – Part 8：Measurement of spectral responsivity of a photo-
voltaic (PV) device，2015.

［8］ IEC 60891　Photovoltaic devices. Procedures for temperature and irradiance corrections to meas-
ured current voltage characteristics，2013.

［9］ M Valentini，A Raducu，D Sera，et al. PV inverter test setup for European efficiency，static and
dynamic MPPT efficiency evluation［C］. International Conference on Optimization of Electrical &
Electronic Equipment，2008.

［10］ H Heaberlin，L borgna. A new approach for semi – automated measurement of PV inverters，es-
pecially MPP tracking efficiency，using a linear PV array simulator with high stability［C］. 19th
European Photovoltaic Solar Energy Conference，2004.

［11］ H Haeberlin，L Borgna，M Kaempfer. Measurement of dynamic MPP – tracking efficiency at grid
connected PV inverters［C］. 21st European Photovoltaic Solar Energy Conference，2006.

［12］ M Jantsch，M Real，H Haberlin，et al. Measurement of PV maximum power point tracking per-
formance［C］14th EC PVSEC，1997.

［13］ C Bower，W Whitaker，M Erdman，et al. Performance test protocol for evaluating inverter used
in grid – connected photovoltaic systems［R］. Sandia National Laboratory Tech，Rep，2004.

［14］ J A Kratochvil，W E Boyson，D L King. Photovoltaic array performance model［R］. Sandia Na-
tional Laboratories，2004.

［15］ EN 50530—2010 Overall efficiency of grid connected photovoltaic inverters，2010.

第4章 光伏发电户外运行特性及模型

光伏发电系统的运行性能受到气象环境条件的强烈影响，输出功率具有波动性、间歇性等特点。此外，系统结构设计、组件安装角度、支架跟踪系统、逆变器匹配和组件超装等因素都会对光伏发电系统的输出性能产生较大影响。

本章以光伏发电系统的核心部件——光伏组件和光伏逆变器为对象，研究其户外运行的影响因素及功率输出特性，并建立户外运行模型。

4.1 光伏组件户外运行特性

光伏发电系统的建设地点不同，气候环境各异，光伏组件工作性能受环境因素的影响，其实际运行参数与在标准工作条件下的额定参数会有较大的差异。下文讨论辐照度、环境温度、相对湿度、平均风速这几大气象因素对光伏组件工作性能的影响。

4.1.1 组件功率与辐照度关系

当太阳光照射光伏电池时，电池材料价带中的电子吸收光子携带的能量后被激发跃迁到导带，在价带中产生空穴，电子和空穴分别聚集到电池材料的两极，形成电动势。电子-空穴对产生的速率表征了光生电流的大小，其表达式是电子-空穴对在太阳电池内所处位置的函数，其表达式为

$$G(x) = (1-s) \int_{\lambda} [1 - r(\lambda)] f(\lambda) \alpha(\lambda) \mathrm{e}^{-\alpha x} \mathrm{d}\lambda \qquad (4-1)$$

式中 λ——入射光的波长；

  s——栅线遮光系数；

  $r(\lambda)$——反射率；

  $\alpha(\lambda)$——太阳电池对电子-空穴对的吸收系数；

  $f(\lambda)$——入射的光子流密度（单位面积上每秒每个波长下入射的光子数）。

这里，吸收系数可通过关系式 $hv = hc/\lambda$ 转变为光子波长的函数，通过每个波长下的入射功率密度除以光子的能量得到光子流密度 $f(\lambda)$。

由式（4-1）可知，对于某一特定光伏组件来讲，s、$r(\lambda)$、$\alpha(\lambda)$ 等均为定值，则电子-空穴对产生的速率与太阳光入射功率密度成正比。在同样光谱分布的情况下，光

生电流大小就与辐照度成正比，对于硅材料太阳能组件其表达式可近似为

$$I_{ph} = I_{SC0} \frac{G}{G_0} [1 + \alpha(T - T_0)] \qquad (4-2)$$

式中　I_{SC0}——STC 条件下组件的短路电流；

　　　G——实测条件下的辐照度；

　　　G_0——STC 条件下的辐照度，即 $1000W/m^2$；

　　　α——补偿系数，常数，根据大量实验数据拟合得出，对于硅材料光伏组件其典型值推荐为 $0.0025℃^{-1}$；

　　　T_0——STC 条件下的组件工作温度，即 25℃。

　　由于光伏组件短路电流 I_{sc} 的大小约等于光生电流值 I_{ph}，因此 I_{sc} 的大小正比于辐照度。

　　光伏组件等效 PN 结的静电势差是内建电势，其表达式为

$$U_{bi} = \frac{kT}{q} \ln \frac{N_D N_A}{n_i^2} \qquad (4-3)$$

式中　N_D——半导体 PN 结施主浓度；

　　　N_A——半导体 PN 结受主浓度；

　　　n_i——不同电离状态下的电子浓度。

　　在开路条件下，开路电压可以表示为

$$U_{OC} = \frac{kT}{q} \ln \frac{I_{SC}}{I_O} \qquad (4-4)$$

式中　I_{SC}——短路电流，约等于光生电流的大小；

　　　I_O——二极管饱和暗电流，其大小和电子浓度、寿命以及耗尽区宽度有关。因此，开路电压也将随着辐照强度升高而增大，但两者关系是非正比例的，开路电压的增大幅度也较短路电流的变化幅度小得多。

　　由 I_{SC} 和 U_{OC} 限定的矩形可以提供一种表征组件最大功率的简便方法，即

$$P_m = FF \cdot I_{SC} \cdot U_{OC} \qquad (4-5)$$

式中　FF——光伏组件的填充因子，对于特定材料制成的光伏组件，其填充因子为一固定值。

　　由式（4-2）～式（4-5）可知，随着辐照度的增强，组件功率也随之变大，但增长幅度会越来越小。

　　某光伏组件在夏至日（2017 年 6 月 21 日）的发电功率与太阳辐照度对照曲线如图 4-1 所示，由图 4-1 可以看出，光伏组件发电功率曲线和太阳辐照强度曲线的变化趋势基本一致，发电功率基本上跟随辐照度的波动而波动；在该段时间内，辐照度增大到

最大值 988W/m² 时光伏组件输出功率也达到了最大值 267W。

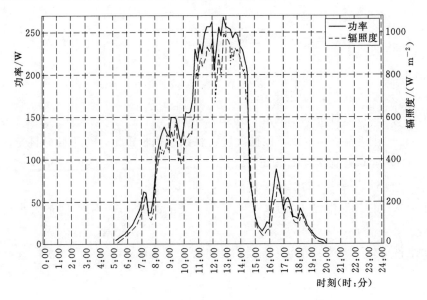

图 4-1　光伏组件发电功率与太阳辐照度对照曲线

该光伏组件发电功率随太阳辐照度变化关系图如图 4-2 所示，从图 4-2 中可以看出太阳辐照度越大，组件输出功率越大，通过相关性分析计算组件输出功率与辐照度之间相关系数为 0.978，呈现出强正相关性，即辐照度为光伏组件发电功率的主导影响因素。

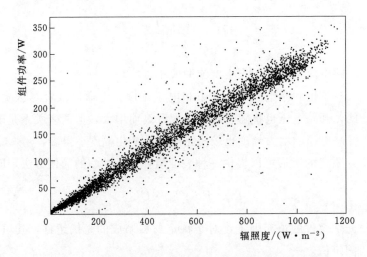

图 4-2　光伏组件发电功率随太阳辐照度变化关系图

对数据进行回归分析，得到光伏组件发电功率 P 与太阳辐照度 E 之间的回归关系为

$$P = 0.2803E + 3.8426 \tag{4-6}$$

由式（4-6）可知，辐照度平均每增加 100W/m²，该光伏组件发电功率平均增加

28W。从图4-2中离散点可以看出组件发电功率也会受其他因素影响，若仅采用辐照度进行估算会与户外实证情况存在较大偏差。

4.1.2 组件功率与环境温度关系

从微观物理来讲，组件的工作温度本质上体现了其内部稳定状态的能量平衡，因此组件工作温度的改变意味着组件内部能量发生了变化，其外在输出性能必然发生改变。光伏组件工作时，吸收的太阳辐射能量一部分转换为有用的电能；另一部分以发热的形式发散到周围环境中，受组件外封装的阻挡，这部分热量将使组件工作温度升高。因此，太阳辐照度、环境温度、组件封装材料及封装方式都是影响光伏组件工作温度的重要因素。

在研究温度对于组件工作性能的影响时，常常简化假设组件工作温度和环境温度的差值随辐照度线性增大，变化系数则依赖于组件的安装方式、风向风速、环境相对湿度等因素，光伏组件在这些因素影响下的工作性能可用额定电池工作温度（nominal operating cell temperature，NOCT）体现，$NOCT$ 被定义为环境温度 $20℃$、辐照度 $800W/m^2$、风速 $1m/s$ 时的组件工作温度。光伏组件 $NOCT$ 典型值为 $45℃$，而对于其他辐照度 E 和环境温度 T_a 下的组件电池温度可以表示为

$$T_C = T_a + E \times \frac{NOCT - 20℃}{800W/m^2} \tag{4-7}$$

组件短路电流通常被认为严格正比于辐照度，且会随组件温度升高而稍微增大，其表达式为

$$I_{sc}(T_C, E) = I_{sc}(STC) \times \frac{E}{1000W/m^2} \times [1 + \alpha \cdot (T_C - 25℃)] \tag{4-8}$$

式中　α——短路电流温度系数，表征每升高 $1℃$ 时的电流增量，对于晶体硅，$\alpha \approx 0.4\%/℃$。

开路电压表征组件材料内部本征浓度，其值的大小强烈依赖于组件温度，并随温度升高而线性减小，其表达式为

$$U_{OC}(T_C, E) = U_{OC}(STC) - \beta(T_C - 25℃) \tag{4-9}$$

式中　β——开路电压温度系数，对于晶体硅，每个串联电池片的约为 $2mV/℃$。

温度对于光伏组件功率的影响，可以表示为

$$P(T_C) = P(STC) \times [1 - \gamma(T_C - 25℃)] \tag{4-10}$$

式中　γ——光伏组件功率温度系数，通常近似为 $\gamma = 0.5\%/℃$。

风速为 $0.5 \sim 1.5m/s$（散热条件定范围）的前提下，某晶硅光伏组件背板温度与环境温度的差值和组件发电功率的关系曲线如图 4-3 所示，可以看出，两者呈现较强的线性关系，随着功率的增加，背板环境温差也随之增加，通过回归分析可以得出相关系

数为 0.886。

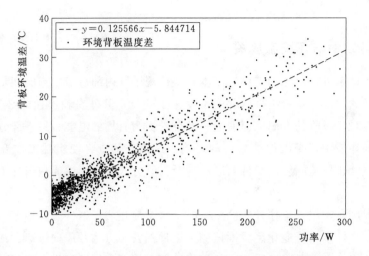

图 4 - 3　某晶硅光伏组件背板环境温差与发电功率的关系曲线

　　背板温度在 20～30℃ 时，该光伏组件发电功率与环境温度之间的关系曲线如图 4 - 4 所示。从图 4 - 4 中可以看出，两者具有负相关关系，即随着环境温度的增加，发电功率会减少，通过相关性分析得出相关系数为 0.623。

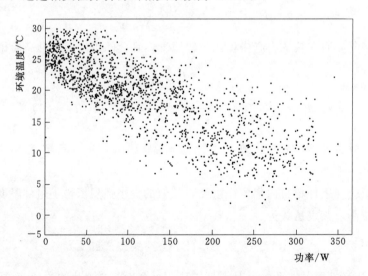

图 4 - 4　光伏组件发电功率与环境温度关系曲线

　　大气温度限定为 15～25℃，光伏组件发电功率与背板温度的散点图如图 4 - 5 所示。可以看出，光伏组件发电功率越高，光伏组件背板温度越高，通过相关性分析得出相关性系数为 0.879。

4.1.3　组件功率与相对湿度关系

　　相对湿度 H（百分数，无量纲）是空气绝对湿度与同温度下饱和绝对湿度的比值，即空气中所含水汽量与该气温下饱和水汽量的百分比。相对湿度增大，即空气中水汽含量增加，将减少到达光伏组件表面的有效辐射，导致光伏组件发电功率降低，因而环境相对湿度对光伏组件发电功率表现出负相关性。

光伏组件在2017年6月20—22日的发电功率与环境相对湿度的对照曲线如图4-6所示，由图4-6也可明显看出，光伏组件发电功率的峰谷基本上对应着相对湿度曲线的峰底，环境相对湿度越高，发电功率越小。

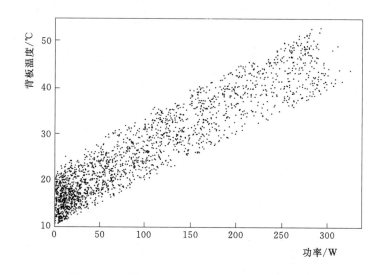

图4-5 光伏组件发电功率与背板温度的散点图

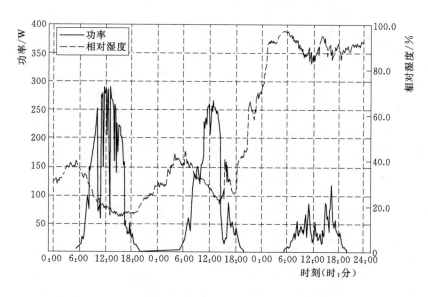

图4-6 光伏组件发电功率与环境相对湿度对照曲线

光伏组件发电功率和相对湿度的散点图如图4-7所示，通过相关性分析计算光伏组件发电功率与相对湿度之间的关系，相关性系数为-0.632。

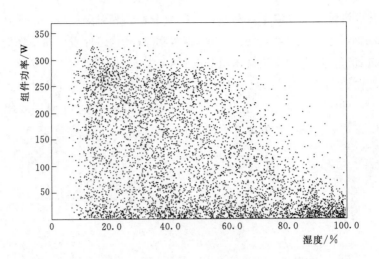

图 4-7　光伏组件发电功率和相对湿度散点图

4.1.4　组件功率与平均风速关系

　　光伏组件发电功率与平均风速的关系曲线如图 4-8 所示，从图 4-8 中可以看出，平均风速对于光伏组件发电功率的影响无明显规律且作用不显著，根据测试数据得出两者的相关性系数仅为 0.266，说明风速虽然对组件输出功率有影响，但并非主导因素。

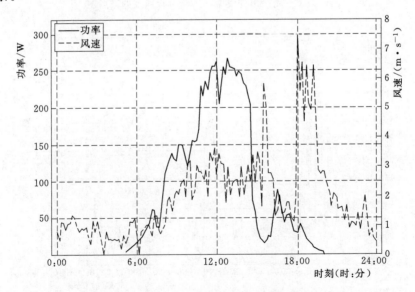

图 4-8　光伏组件发电功率与平均风速关系曲线

4.1.5　组件功率与户外环境的综合关系

　　风向、风速、环境温度、环境相对湿度等户外环境因素对光伏组件功率的影响最终都可通过组件工作温度进行体现，因此，影响光伏组件户外发电功率的关键环境因素可简化为组件斜面辐照度和组件工作温度两点。光伏组件发电功率与辐照度、工作温度的三维关系图如图 4-9 所示，从图 4-9 中可以看出，组件功率基本上正比于辐照度、反比于工作温度，且对于硅材料组件，组件功率的温度系数约为 -0.5%。

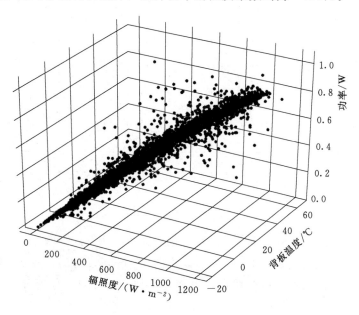

图 4-9　光伏组件发电功率与辐照度、工作温度的三维关系图

4.2　光伏逆变器户外运行特性

光伏逆变器是光伏发电系统的核心部件，其性能的优劣直接关系到整个电站的发电效率。理论上讲，光伏逆变器户外运行时，其性能会受到辐照度、温度、电网质量、调度控制以及其他发电设备运行状态等综合因素的影响；但在实际的运行使用中，电网质量、调度控制及其他发电设备运行状态异常等情况都属于极小概率事件，对光伏逆变器性能影响较大的还是辐照度和温度这两个环境条件。辐照度和温度通过影响前级光伏阵列输入功率的大小、逆变器自身工作温度，从而对光伏逆变器的转换效率产生影响。

4.2.1　逆变器功率与辐照度关系

逆变器的输出功率随辐照度变化会呈现出明显的峰谷规律。某光伏逆变器功率和辐照度在夏至日（2017 年 6 月 21 日）一天内的变化曲线如图 4-10 所示，由图 4-10 可以看出，逆变器功率曲线和太阳辐照度曲线的变化趋势基本一致，辐照度出现剧烈变化时，逆变器功率也会有较大波动。从图 4-10 中还可以读出该段时间输出功率最大值出现点对应的辐照度为 988W/m²，输出功率达到 37.93W。

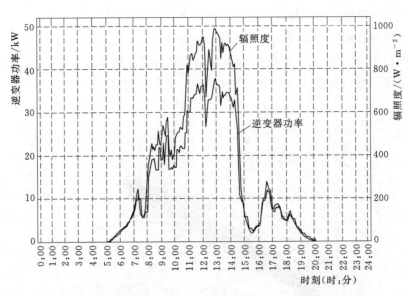

图4-10　某光伏逆变器功率和辐照度在一天内的变化曲线

为更直观地观察逆变器功率与辐照度之间的关系，用散点图的方式展示一天内逆变器功率和辐照度的关系，如图4-11所示。由图4-11可以看出，两者呈现较强的线性关系，随着辐照度的增加，逆变器功率也随之增加，通过回归分析可以得出相关系数为0.979。

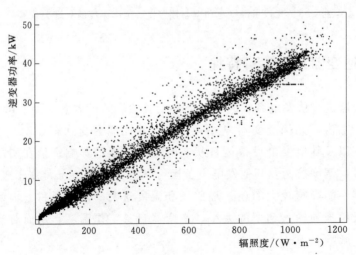

图4-11　逆变器功率与辐照度关系

4.2.2　逆变器转换效率与辐照度关系

以散点图描述逆变器转换效率与辐照度之间的关系，如图4-12所示，利用30min/次的采样频率将数据点的数量减少，呈现更清晰的图像，由图4-12可以看出，在辐照度小于200W/m² 时，逆变器效率变化较快，当辐照度超过200W/m² 时，转换效率趋于平缓，并基本稳定在1.0左右。

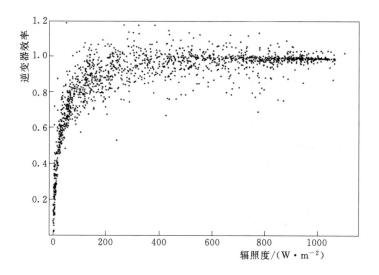

图 4-12　辐照度与逆变器效率之间的关系

4.3　光伏组件户外运行模型

　　光伏组件发电模型较多，其特点不同，一般根据不同场合选用不同模型。本节介绍一种容易实现、应用较为广泛的光伏组件单二极管模型，该模型可以以适度的计算量算出给定辐照度和温度条件下的光伏组件 I-U 输出特性曲线。单二极管模型需要基于测试 I-U 曲线来估算模型中的多个中间参数。目前大多数参数估计方法仅使用标准测试条件（STC）下的单条 I-U 曲线的短路、开路和最大功率点数据，并针对每个电池片分别确定温度系数。相比之下，光伏组件户外测试通常在宽范围的辐照度和温度条件下测试组件 I-U 特性，并利用这些测试数据提取组件发电性能模型参数。

　　本节介绍美国 SANDIA 实验室提出的一种光伏组件单二极管五参数模型，详细讲解一种使用户外测试 I-U 曲线来进行参数求解的方法，并通过模拟 I-U 曲线提取已知参数来验证方法的准确性。

4.3.1　组件单二极管户外模型

　　太阳电池的电特性模型是一个包括电流源、二极管、并联电阻和串联电阻的等效电路，太阳电池的单二极管等效电路如图 4-13 所示。

　　对于由 N_s 个太阳电池片串联构成的光伏组件，基于 Shockley 二极管方程可推导出表征光伏组件 I-U 特性的单二极管方程，其表达式为

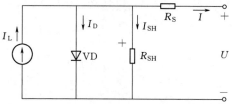

图 4-13　太阳电池的单二极管等效电路

$$I = I_L - I_O\left[\exp\left(\frac{U + IR_S}{nV_{th}}\right) - 1\right] - \frac{U + IR_S}{R_{SH}} \Bigg\}$$
$$U_{th} = N_s k T_C / q$$

(4-11)

式中 I_L——光子产生的电流，A；

$\quad$ I_O——暗饱和电流，A；

$\quad$ n——二极管理想系数，无量纲；

$\quad$ U_{th}——光伏组件的热电压；

$\quad$ N_s——电池片个数；

$\quad$ T_C——电池温度；

$\quad$ k——玻尔兹曼常数，$k = 1.38066 \times 10^{-23}$ J/K；

$\quad$ q——元电荷，$q = 1.60218 \times 10^{-19}$ C；

$\quad$ R_S——光伏组件等效串联电阻，Ω；

$\quad$ R_{SH}——光伏组件等效并联电阻，Ω。

根据式（4-11）可描画出一条光伏组件的完整 I-U 特性曲线，如图 4-14 所示。

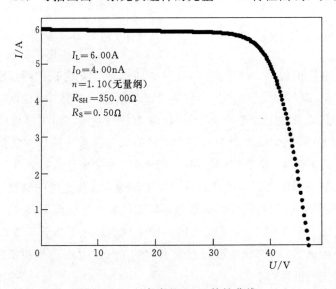

$I_L = 6.00$A
$I_O = 4.00$nA
$n = 1.10$（无量纲）
$R_{SH} = 350.00\Omega$
$R_S = 0.50\Omega$

图 4-14 一条完整 I-U 特性曲线

式（4-11）描述了在尚未确定的辐照度和温度条件下由五个参数 I_L、I_O、R_S、R_{SH} 和 n 可推导出的 I-U 曲线。该模型解析的重点在于五个参数的求解方法。这五个参数随组件温度 T_C 和有效辐照度 E 的变化可描述为

$$I_L = I_L(E, T_C) = \frac{E}{E_0}[I_{L0} + \alpha_{I_{SC}}(T_C - T_0)]$$

(4-12)

$$I_O = I_O(T_C) = \left[\frac{T_C}{T_0}\right]^3 \exp\left\{\frac{1}{k}\left[\frac{E_g(T_0)}{T_0} - \frac{E_g(T_C)}{T_C}\right]\right\}$$

(4-13)

$$E_g(T_C) = E_{g0}[1 - 0.0002677(T_C - T_0)]$$

(4-14)

$$R_{SH} = R_{SH}(E) = R_{SH0}\frac{E_0}{E}$$

(4-15)

$$R_S = R_{S0} \tag{4-16}$$

$$n = n_0 \tag{4-17}$$

式中 0——作为下标分别表示各变量或参数在参考辐照度 $E_0 = 1000\text{W}/\text{m}^2$ 和参考组件温度 $T_0 = 298\text{K}$ 条件下对应的值。对于本单二极管模型，各标准测试环境下的参数分别为 n_0、I_{O0}、I_{L0}、R_{SH0}、R_{S0}、E_{g0} 和 $\alpha_{I_{SC}}$，这些值需要通过对不同水平辐照度和组件温度下测得的一组 $I\text{-}U$ 曲线进行数值计算而确定。

辅助方程可以有其他选择，不同的辅助方程产生不同的单二极管模型，因此术语"五参数模型"实际上代表了包含式（4-11）的一系列模型。

式（4-12）~式（4-17）构成了一个完整的光伏组件单二极管五参数模型，可描述光伏组件在任意辐照度和温度条件下的电气性能。

4.3.2 户外模型参数提取方法

在参数模型的基础上，进一步分析五参数的求解算法，该算法的核心是通过不同水平辐照度和组件温度下测得的一组 $I\text{-}U$ 曲线计算出一组五参数（即 I_L、I_O、R_S、R_{SH} 和 n），然后将该组参数数值回归到测量到的特定辐照度和温度条件下，从而获得该环境条件下单二极管模型的 $I\text{-}U$ 特性数据。

4.3.2.1 单二极管方程的分析和数值解

式（4-11）中电流（或电压）不能使用基本函数明确求解，但可以使用 Lambert 提出的 W 函数表示为 $I = I(U)$ 或 $U = U(I)$ 的函数。Lambert 的 W 函数是等式 $x = W(x)\exp[W(x)]$ 的解 $W(x)$，使用这个函数可以得到 $I = I(U)$ 的具体表达式为

$$I = \frac{R_{SH}}{R_{SH} + R_S}(I_L + I_O) - \frac{U}{R_{SH} + R_S} - \frac{nU_{th}}{R_S}W\left\{\frac{R_S I_O}{nU_{th}}\frac{R_{SH}}{R_{SH} + R_S}\exp\left[\frac{R_{SH}}{R_{SH} + R_S}\frac{R_S(I_L + I_O) + U}{nU_{th}}\right]\right\}$$

$$\tag{4-18}$$

同样可以得到 $U = U(I)$ 的具体表达式为

$$U = (I_L + I_O - I)R_{SH} - IR_S - nU_{th}W\left\{\frac{I_O R_{SH}}{nU_{th}}\exp\left[\frac{(I_L + I_O - I)R_{SH}}{nU_{th}}\right]\right\} \tag{4-19}$$

为方便起见引入两个变量，即

$$\theta = \frac{R_S I_O}{nU_{th}}\frac{R_{SH}}{R_{SH} + R_S}\exp\left(\frac{R_{SH}}{R_{SH} + R_S}\frac{R_S(I_L + I_O) + U}{nU_{th}}\right) \tag{4-20}$$

和

$$\psi = \frac{I_O R_{SH}}{nU_{th}}\exp\left[\frac{(I_L + I_O - I)R_{SH}}{nU_{th}}\right] \tag{4-21}$$

则式（4-18）和式（4-19）可以简写为

$$I = \frac{R_{SH}}{R_{SH} + R_S}(I_L + I_O) - \frac{U}{R_{SH} + R_S} - \frac{nU_{th}}{R_S}W(\theta) \tag{4-22}$$

和

$$U=(I_L+I_O-I)R_{SH}-IR_S-nU_{th}W(\psi) \tag{4-23}$$

Lambert 的 W 函数可以以非常高的精度高效求解，因此，式（4-22）和式（4-23）可以直接实现大部分范围 I-U 曲线的表示。

4.3.2.2　方法描述

这里提出了从测量的 I-U 曲线获得单二极管模型参数的顺序方法。在整个过程中，使用 Lambert 的 W 函数来求解方程。使用 Lambert 的 W 函数优点很多，例如只需很少的迭代、数值计算快等；导数（如 dI/dU）也可以使用 W 函数精确地表达，避免数值估计导数的缺陷；W 函数的渐近近似相对简单，这允许某些参数计算步骤被解析地证实。

单个二极管组件模型参数计算流程图如图 4-15 所示。

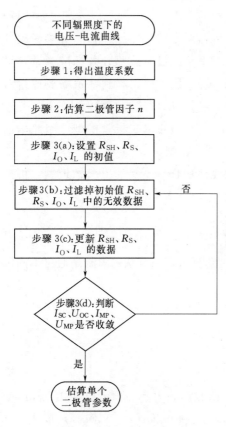

图 4-15　单个二极管组件模型参数计算流程图

1. 步骤 1：求解温度系数

首先利用接近参考辐照度（即 $1000W/m^2$）条件下的多条 I-U 曲线来确定短路电流温度系数 $\alpha_{I_{SC}}$ 和开路电压温度系数 $\beta_{U_{OC}}$。这里采用《光伏组件测定 I-U 特性的温度和辐照度修正方法》（IEC 60891）标准中规定的线性回归方法进行求解，该方法已经在 Sandia 阵列性能模型（SAPM）中广泛且成功地使用。

为了从实测数据中求得温度系数，可以在室内使用能提供 STC 条件的太阳模拟器，或假定组件进行 I-U 特性户外测试时的空气质量近似为 $AM=1.5$。测试期间辐照度应保持在 $1000W/m^2$ 左右基本不变，而针对组件温度变化，一般 25℃ 左右的变化范围就足够了。为准确测定温度系数，推荐使用与被测组件材料一致的参考电池片或参考组件来测量辐照度 E，也可以使用宽频段斜面辐射表。

开路电压 U_{OC} 与电池温度 T_C 和有效辐照度 E 的关系可以表达为

$$U_{OC}=U_{OC0}+nU_{th}\ln(E/E_0)+\beta_{U_{OC}}(T_C-T_0) \tag{4-24}$$

式中　T_0——参考温度（通常为 25℃）；

　　　E_0——参考辐照度（通常为 $1000W/m^2$）；

　　U_{OC0}——标准测试环境下的开路电压。

假定组件电池片的二极管理想系数 n 是一个固定的典型值（例如晶硅电池片的 n 典型值为 1.1，薄膜单结电池片的 n 典型值为 1.3），并将式（4-24）改写为

$$U_{\text{OC}} - nU_{\text{th}}\ln(E/E_0) = U_{\text{OC0}} + \beta_{U_{\text{OC}}}(T_{\text{C}} - T_0) \qquad (4-25)$$

通过回归分析法求得温度系数 $\beta_{U_{\text{OC}}}$，参数 $\beta_{U_{\text{OC}}}$ 的提取示例如图 4-16 所示。

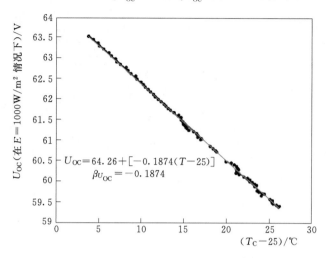

图 4-16　参数 $\beta_{U_{\text{OC}}}$ 的提取示例

因为 $I\text{-}U$ 曲线是在 $1000\text{W}/\text{m}^2$ 左右的辐照条件下测得，因此与测得的开路电压 U_{OC} 相比，$nU_{\text{th}}\ln(E/E_0)$ 应该很小。因此，忽略 $nU_{\text{th}}\ln(E/E_0)$ 对 $\beta_{U_{\text{OC}}}$ 的求解几乎没有影响。

温度导致的短路电流变化可表示为

$$I_{\text{SC}} = I_{\text{SC0}}\frac{E}{E_0}[1 + \alpha_{I_{\text{SC}}}(T_{\text{C}} - T_0)] \qquad (4-26)$$

式（4-26）中 I_{SC0} 和 $\alpha_{I_{\text{SC}}}$ 是未知项。式（4-26）可以改写为

$$I_{\text{SC}}\frac{E_0}{F_r} = I_{\text{SC0}}[1 + \alpha_{I_{\text{SC}}}(T_{\text{C}} - T_0)] = \beta_0 + \beta_1(T_{\text{C}} - T_0) \qquad (4-27)$$

使用实测得到的 I_{SC}、E 和 T_{C}，通过线性最小二乘法可获得系数 β_0 和 β_1，进而确定 $\alpha_{I_{\text{SC}}}$ 为

$$\alpha_{I_{\text{SC}}} = \beta_1/\beta_0 \qquad (4-28)$$

参数 $\alpha_{I_{\text{SC}}}$ 的提取示例如图 4-17 所示。

2. 步骤 2：求解二极管理想系数

对于任意气象环境条件，认为 n 为恒定值，该值可以根据 U_{OC} 和有效辐照度 E 之间的关系计算得出。从式（4-19）得到

$$U_{\text{OC}} = (I_{\text{L}} + I_{\text{O}})R_{\text{SH}} - nU_{\text{th}}W\left\{\frac{I_{\text{O}}R_{\text{SH}}}{nU_{\text{th}}}\exp\left[\frac{(I_{\text{L}} + I_{\text{O}})R_{\text{SH}}}{nU_{\text{th}}}\right]\right\} \qquad (4-29)$$

渐近分析表明，当 $T_{\text{C}} = T_0$ 时，一阶近似结果可以表示为

$$U_{\text{OC}} - U_{\text{OC0}} \approx nU_{\text{th}}\ln(E/E_0) \qquad (4-30)$$

式（4-30）与式（4-24）的表达相同，使用式（4-24）进行线性回归获得含有 n 的表达式，即

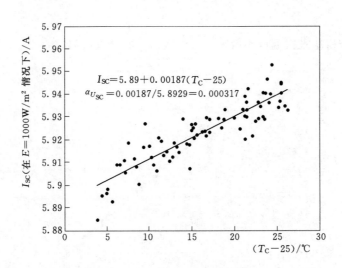

图 4-17　参数 $\alpha_{I_{SC}}$ 的提取示例

$$U_{OC} - \beta_{U_{OC}}(T_C - T_0) = U_{OC0} + nU_{th}\ln(E/E_0) \tag{4-31}$$

参数 n 的求解示例如图 4-18 所示。对于图 4-18 中的回归过程，所用 $I\text{-}U$ 曲线需要覆盖一定的辐照度范围，优选 $400\sim1000\mathrm{W/m^2}$ 的辐照段。

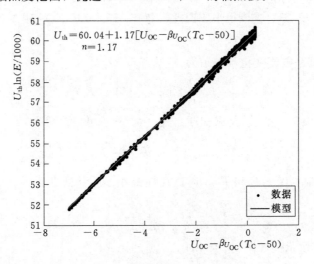

图 4-18　参数 n 的求解示例

3. 步骤 3：求解每条 $I\text{-}U$ 曲线对应的 R_{SH}、R_S、I_0 和 I_L 值

使用迭代过程来估算这些参数：获得初始估计值，然后迭代更新估计值，直到满足收敛标准。具体步骤如下：

（1）初步估算。对于每条 $I\text{-}U$ 曲线，首先通过 CC 回归分析法获得 R_{SH} 的初始估计值，即 $I\text{-}U$ 曲线对电压的积分。然后，使用 R_{SH} 的值依次获得 I_0、R_S 和 I_L 的初始估计值。

CC 回归分析法可以表达为 U 和 $I = I(U)$ 的多项式，即

$$CC(U) = \int_0^U \left[I_{SC} - I(v) \right] dv = c_1 U + c_2 (I_{SC} - I) + c_3 U (I_{SC} - I) + c_4 U^2 + c_5 (I_{SC} - I)^2$$

$$(4-32)$$

式（4-32）通过梯形规则进行数值计算，系数 c_i 由多重线性回归确定，然后根据系数 c_i 确定五个参数 I_L、I_O、R_S、R_{SH} 和 n 的值，其表达式为

$$R_{SH} = \frac{1}{2c_4} \tag{4-33}$$

$$R_S = \frac{\sqrt{1 + 16 c_4 c_5} - 1}{4c_4} \tag{4-34}$$

$$n = \frac{c_1 (\sqrt{1 + 16 c_4 c_5} - 1) + 4 c_2 c_4}{4 U_{th} c_4} \tag{4-35}$$

$$I_L = -\frac{(1 + \sqrt{1 + 16 c_4 c_5})(c_1 + I_{SC})}{2} - 2 c_2 c_4 \tag{4-36}$$

$$I_O = \frac{I - \dfrac{U - I R_S}{R_{SH}} + I_L}{\exp\left(\dfrac{U - I R_S}{n U_{th}}\right) - 1} \tag{4-37}$$

这种求解方法偶尔会产生 R_{SH} 计算出错的问题，有时得到的其他参数值也不可靠。例如，偶尔从没有明显缺陷的 $I-U$ 曲线中求得为负值的 R_{SH}（电流出现上升趋势），以及为负数或虚数的 R_S。导致 $R_{SH} < 0$ 的实测 $I-U$ 曲线示例如图 4-19 所示，两种原因可能导致这种求解方法失效：①式（4-32）中系数 c_i 之间存在共线性；②计算 CC 积分的数值误差。

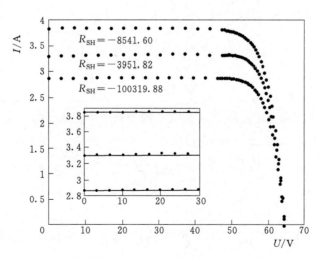

图 4-19 导致 $R_{SH} < 0$ 的实测 $I-U$ 曲线示例

这种失效现象可以通过使用样条曲线进行积分计算且在回归分析前进行预测器正交变换的方法加以规避。通过这种改进方法，几乎所有的 $I-U$ 曲线均可获得合理的 R_{SH} 值。然后，使用 $R_{SH} > 0$ 作为筛选条件，从而进一步滤除具有上升趋势电流的 $I-U$

曲线。

CC 回归分析法中 I_O、R_S 和 I_L 的值对回归系数存在依赖性，在 R_{SH} 值合理的情况下这三个值也可能出现负数或虚数，因此本书忽略由 CC 回归分析法求得的 I_O、R_S 和 I_L 值，用另一种方法来估计 I_O、R_S 和 I_L 的值。

首先，在开路时，有 $I=0$，且单二极管方程与 R_S 无关，即

$$0=I_L-I_O\left[\exp\left(\frac{U_{OC}}{nU_{th}}\right)-1\right]-\frac{U_{OC}}{R_{SH}}=(I_O+I_L)-I_O\left[\exp\left(\frac{U_{OC}}{nU_{th}}\right)\right]-\frac{U_{OC}}{R_{SH}} \quad (4-38)$$

近似假定 $I_L+I_O\approx I_{SC}$，则由式（4-38）得到

$$0\approx I_{SC}-I_O\left[\exp\left(\frac{U_{OC}}{nU_{th}}\right)\right]-\frac{U_{OC}}{R_{SH}} \quad (4-39)$$

从而可以得出 I_O 的初始估计值为

$$I_O=\left(I_{SC}-\frac{U_{OC}}{nU_{th}}\right)\exp\left(-\frac{U_{OC}}{nU_{th}}\right) \quad (4-40)$$

利用求得的 I_O，由 $I-U$ 曲线 U_{OC} 附近（而非 U_{OC} 这一点）的斜率得出 R_S 的初始估计值。理想情况下，导数 dI/dU 将为负值，随 $U\to U_{OC}$ 平滑减小。从实测 $I-U$ 数据计算某点导数需要使用数值微分方程。由于实测工具的实现原理，构成 $I-U$ 曲线的数据点不是以等间隔的电压值获得的，因此最常见的有限差分近似算法无法适用。本书中采用五阶有限差分技术，利用不等间隔的数据进行计算，即

$$I'_U(U_k)=\frac{dI}{dU}\bigg|_{U=U_k} \qquad k=1,\cdots,M \quad (4-41)$$

在电压为 U_k 时，设置左右限值为 $L=0.5U_{OC}<U_k<0.9U_{OC}=R$，$k=1$，$\cdots$，$M$。取均值作为 R_S 的近似值，其表达式为

$$R_S\cong\frac{1}{M}\sum_{k=1}^{M}R_{S,k} \quad (4-42)$$

其中

$$R_{S,k}=\frac{nU_{th}}{I_{SC}}\left\{\ln\left[-(R_{SH}I'_U(U_k)+1)\frac{nU_{th}}{R_{SH}I_O}\right]-\frac{U_k}{nU_{th}}\right\} \quad (4-43)$$

式（4-43）对于满足 $R_{SH}I'_U(U_k)+1<0$ 的数据点都是成立的。

将式（4-41）代入式（4-42），得出

$$\theta=\theta(U)=\frac{R_SI_O}{nU_{th}}\frac{R_{SH}}{R_{SH}+R_S}\exp\left(\frac{R_{SH}}{R_{SH}+R_S}\frac{R_S(I_O+I_L)+U}{nU_{th}}\right) \quad (4-44)$$

简写并求导式（4-22）得到

$$\frac{dI}{dU}=-\frac{1}{R_{SH}+R_S}\left[1+\frac{R_{SH}}{R_S}\frac{W(\psi)}{1+W(\psi)}\right]=-\frac{1}{R_{SH}+R_S}\left\{1+\frac{R_{SH}}{R_S}\left[1-\frac{1}{1+W(\psi)}\right]\right\}$$

$$(4-45)$$

对于所求的大部分电压点，可假定 $\theta\ll1$，则有 $W(\theta)\approx\theta$，从而 $1/[1+W(\theta)]\approx1/(1+\theta)\approx1-\theta$。因此可得

$$\frac{dI}{dU}\approx-\frac{1}{R_{SH}+R_S}\left(1+\theta\frac{R_{SH}}{R_S}\right) \quad (4-46)$$

通常 $R_S \ll R_{SH}$，假定 $I_L + I_O \approx I_{SC}$，则有

$$\theta \approx \frac{R_S I_O}{n U_{th}} \exp\left(\frac{R_S I_{SC} + U}{n U_{th}}\right) \tag{4-47}$$

联立式（4-46）和式（4-47），则可求解出 R_S，从而获得式（4-43）的解，即

$$\begin{cases} \dfrac{\mathrm{d}I}{\mathrm{d}U} \approx -\dfrac{1}{R_{SH}}\left(1 + \theta\dfrac{R_{SH}}{R_S}\right) \\ -R_{SH}\dfrac{\mathrm{d}I}{\mathrm{d}U} \approx 1 + \dfrac{R_{SH} I_O}{n U_{th}} \exp\left(\dfrac{R_S I_{SC} + U}{n U_{th}}\right) \end{cases} \tag{4-48}$$

当求解 R_S 的初始值时，必须注意排除满足 $R_{SH} I'_U(U_k) + 1 > 0$ 条件的电压点 U_k，这些数据点可能出现在 $I'_U(U_k)$ 为正值、$I-U$ 曲线数据异常或者 $I'_U(U_k)$ 为负值且非常小的时候（U 远小于 U_{MPP} 的时候可能出现这种情况）。然而，有必要将式（4-42）所求值远小于 U_{MPP} 的电压点纳入考虑范围以获得合理的值。选取 $L = 0.5 U_{OC}$ 和 $R = 0.9 U_{OC}$，其中右限值用来排除由于缺乏实测值或 U 临近 U_{OC} 时 $\theta \ll 1$ 的假设失效而导致的数值导数 $I'_U(U_k)$ 失准现象。

最后，由 $I = I_{SC}$ 时的式（4-23）求出 I_L，其表达式为

$$I_L = I_{SC} - I_O + I_O \exp\left(\frac{R_S I_{SC}}{n U_{th}}\right) + \frac{R_S I_{SC}}{R_{SH}} \tag{4-49}$$

（2）滤除含有异常数据的 $I-U$ 曲线。一旦得到了初始估计值，需对实测数据集进行过滤，排除参数估计值存在问题的 $I-U$ 曲线。如果某条曲线相应的参数估计符合以下任何标准，则排除该条 $I-U$ 曲线：

1）R_{SH} 的值为负（表示电流随着电压的增加而增加）或不确定［表示缺少数据或回归出了问题，取决于式（4-36）中的系数 c_4］。

2）R_S 的值为负，具有非零虚数分量，不确定或大于 R_{SH}。

3）I_O 的值为零、负或具有非零虚数分量。

此外，采用本算法时，$I-U$ 测试数据应由线性光伏器件测试得出，即光伏器件的短路电流 I_{SC} 几乎与有效辐照度 E 成正比。通过将 I_{SC} 归一化得到 E 的经验效率 η，即

$$I_{SC} = \eta \frac{E}{E_0} \tag{4-50}$$

误差 $\varepsilon = \eta(E/E_0) - I_{SC}$ 被用来剔除 $|\varepsilon| > 0.05 I_{SC}$ 的 $I-U$ 曲线，由于阴影和其他因素，E 和 I_{SC} 之间存在实质性差异。当将这些规则应用于在 SNL 实验室获得的数据时，通常只有少数（<1%）的 $I-U$ 曲线被滤除，并且这些 $I-U$ 曲线通常可看出明显的问题，例如电流随着电压增加而增大。

（3）迭代更新以获取 R_{SH}、R_S、I_O 和 I_L 的最终值。R_{SH}、R_S、I_O 和 I_L 的初始估计值可能与实测的 U_{OC}、U_{MPP} 和 I_{MPP} 无法良好匹配，需按以下顺序更新迭代：

1）使用先前的 R_S、I_O 和 I_L 值通过固定点迭代调整 R_{SH} 以匹配 U_{MPP}。

2）使用 R_{SH} 的新值、I_O 和 I_L 的前值更新 R_S 以匹配 U_{MPP}。

3）使用 R_{SH}、R_S 的新值和 I_L 的前值通过类牛顿法调整 I_O 以匹配 U_{OC}。

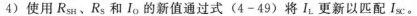

4）使用 R_{SH}、R_S 和 I_O 的新值通过式（4-49）将 I_L 更新以匹配 I_{SC}。

为了调整 R_{SH}，将最大功率点数据代入式（4-19），得到定义最大功率点的第一个方程为

$$U_{MPP} = (I_O + I_L)R_{SH} - I_{MPP}(R_{SH} + R_S) - nU_{th}W(\psi) \tag{4-51}$$

其中

$$\psi = \frac{I_O R_{SH}}{nU_{th}} \exp\left[\frac{R_{SH}(I_L + I_O - I_{MPP})}{nU_{th}}\right] \tag{4-52}$$

然而，式（4-52）对于 I-U 曲线上的任何点（U，I）都成立。因此，定义最大功率点的第二个方程为

$$0 = \frac{dP}{dI}\bigg|_{I=I_{MPP}} = (I_O + I_L - I_{MPP})R_{SH} - I_{MPP}R_S - nU_{th}W(\psi) + I_{MPP}\left[R_{SH}\frac{W(\psi)}{1+W(\psi)} - (R_{SH}+R_S)\right] \tag{4-53}$$

求解式（4-51）和式（4-53）得到 R_S，并代入结果以消除 R_S，获得关于 R_{SH}、I_O、I_L 和测量的最大功率点（U_{MPP}，I_{MPP}）的表达式为

$$0 = f(R_{SH} \mid I_O, I_L) = \frac{(I_O + I_L)}{I_{MPP}}R_{SH} - \frac{nU_{th}W(\psi)}{I_{MPP}} - \frac{U_{MPP}}{I_{MPP}} - \frac{W(\psi)}{1+W(\psi)}\frac{R_{SH}}{2} \tag{4-54}$$

此处求解 R_{SH} 的新值，通过固定 I_O 和 I_L 的前值，然后应用式（4-54）的固定点迭代得到

$$R_{SH,k+1} = \frac{1+W(\psi)}{W(\psi)}\left[\frac{I_O + I_L}{I_{MPP}}R_{SH,k} - \frac{nU_{th}W(\psi)}{I_{MPP}} - 2\frac{U_{MPP}}{I_{MPP}}\right] \tag{4-55}$$

各种电池技术（包括晶硅和薄膜电池）的光伏组件实测 I-U 数据验证表明，式（4-55）收敛，但收敛速度较慢。研究表明式（4-55）是一个看似难以完成的压缩映射，它的求解还有很多研究和改进空间。

使用 R_{SH} 的调整值和实测最大功率点数据对 R_S 的值进行更新

$$R_S = \frac{I_O + I_L - I_{MPP}}{I_{MPP}}R_{SH} - \frac{nU_{th}}{I_{MPP}}W(\psi) - \frac{U_{MPP}}{I_{MPP}} \tag{4-56}$$

接下来，调整 I_O，使得 U_{OC} 计算值与实测值匹配。将 $U_{OC}(I_O)$ 视为仅含变量 I_O 的函数，并用 $\hat{U}_{OC}$ 表示实测 U_{OC}。使用类似于牛顿迭代法的寻根方法，求解出一个满足条件 $U_{OC}(\hat{I}_{OC}) - \hat{U}_{OC} = 0$ 的 $\hat{I}_{OC}$ 值。

对式（4-29）进行微分，得到

$$\frac{dU_{OC}}{dI_O} = R_{SH} - nU_{th}\frac{W(\psi_{OC})}{1+W(\psi_{OC})}\left[\frac{1}{I_O} + \frac{R_{SH}}{nU_{th}}\right] \tag{4-57}$$

其中

$$\psi_{OC} = \frac{I_O R_{SH}}{nU_{th}}\exp\left[\frac{(I_L + I_O)R_{SH}}{nU_{th}}\right] \tag{4-58}$$

对于大多数的光伏组件，均可合理假定 $\psi_{OC} \gg 1$。式（4-58）中 $\exp\left[\frac{(I_L + I_O)R_{SH}}{nU_{th}}\right]$ 比 $\frac{I_O R_{SH}}{nU_{th}}$ 大几个数量级。例如，某组件的 I_O 约为 1×10^{-7}A（已经是一个相对较大的值

了），I_L 约为 1A（对大多数组件来讲都是一个较小的值），nU_{th} 约为 2，R_{SH} 约为 100Ω（是一个相对较小的值），可以得到

$$\psi_{OC} \approx \frac{10^{-7} \times 100}{2} \exp\left(\frac{100}{2}\right) \approx 10^{-7} \exp\left(\frac{100}{2}\right) = 10^{14} \tag{4-59}$$

在可假定 $\psi_{OC} \gg 1$ 的情况下，也可假设 $\frac{W(\psi_{OC})}{1+W(\psi_{OC})} \approx 1$，则式（4-57）可简化为

$$\frac{dU_{OC}}{dI_O} \approx \frac{-nU_{th}}{I_O} \tag{4-60}$$

U_{OC} 可近似为 $\hat{I}_{OC}$ 附近关于 I_O 的线性函数，其表达式为

$$U_{OC}(I_O) \approx \hat{U}_{OC} + \frac{dU_{OC}}{dI_O}\bigg|_{I_O = I_O^*} \times (I_O - \hat{I}_O) \tag{4-61}$$

式中导数是在同样靠近 $\hat{I}_{OC}$ 的 I_O^* 处计算。由于 $[I_O, U_{OC}(I_O)]$ 描述的曲线是凹向上的，通过对 I_O 和 $\hat{I}_{OC}$ 之间中点 $I_O^* = \frac{I_O + \hat{I}_O}{2}$ 处求导，可由式（4-61）得到一个更优的 $U_{OC}(I_O)$ 估计值。然后联立式（4-60）和式（4-61）得到

$$U_{OC}(I_O) \approx \hat{U}_{OC} + \frac{dU_{OC}}{dI_O}(I_O - \hat{I}_O) \approx \hat{U}_{OC} - \frac{2nU_{th}}{I_O + \hat{I}_O}(I_O - \hat{I}_O) \tag{4-62}$$

解得 $\hat{I}_{OC}$ 为

$$\hat{I}_O \approx I_O\left\{\frac{[U_{OC}(I_O) - \hat{U}_{OC}] + 2nU_{th}}{2nU_{th} - [U_{OC}(I_O) - \hat{U}_{OC}]}\right\} \approx I_O\left\{1 + \frac{2[U_{OC}(I_O) - \hat{U}_{OC}]}{2nU_{th} - [U_{OC}(I_O) - \hat{U}_{OC}]}\right\} \tag{4-63}$$

对式（4-63）使用牛顿迭代法，得到一组收敛于 $\hat{I}_{OC}$ 的 $I_{O,k}$ 值，其表达式为

$$I_{O,k+1} = I_{O,k} \times \left\{1 + \frac{2[U_{OC}(I_{O,k}) - \hat{U}_{OC}]}{2nU_{th} - [U_{OC}(I_{O,k}) - \hat{U}_{OC}]}\right\} \tag{4-64}$$

通过式（4-29）计算 $U_{OC}(I_{O,k})$。式（4-64）收敛速度很快，实际测试中 10 次迭代就足够了。

最后，将更新后的 R_{SH}、R_S 和 I_O 新值代入式（4-49），更新 I_L 来匹配实测的 I_{SC}。

（4）收敛性测试。设定当计算出的 I_{MPP}、U_{MPP} 和 P_{MPP} 与相应的实测值之间的最大差值都小于实测值的 0.002% 时，$I-U$ 曲线的参数估计被认为是收敛的。精度阈值和迭代次数限值均可根据实际需要改变。

4. 步骤 4：求解单二极管模型 STC 参数

通过步骤 3 得到了对应于每条实测 $I-U$ 曲线的参数值，接下来需要将这些参数与测试时的辐照度和组件温度关联起来，从而得到标准测试环境下的模型参数 I_{L0}、I_{00}、E_{g0}、R_{SH0}、R_{S0} 和 n_0。

（1）STC 条件下的光电流 I_{L0}。根据定义，I_{L0} 是 STC 即标准测试环境下的光电流，此时辐照度为 1000W/m^2，组件温度为 25℃，太阳光谱为 AM1.5。挑选 1000W/m^2 辐

照度附近（±5%）的 M 条实测 I-U 曲线，从这些 I-U 曲线计算出来的 I_{L0} 集合中得出 I_{L0} 的最终估算值，其表达式为

$$I_{L0} = \frac{1}{M} \sum_{j=1}^{M} \left[I_{L,j} \frac{E_0}{E_j} - \alpha_{I_{SC}} (T_{C,j} - T_0) \right] \quad (4-65)$$

其中 $\alpha_{I_{SC}}$ 的值应按照步骤 1 中所示方法进行单独测算。

参数 I_{L0} 的求解示例如图 4-20 所示。

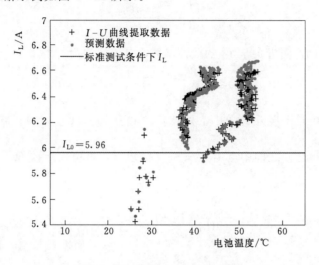

图 4-20　参数 I_{L0} 的求解示例

（2）暗电流 I_{O0} 和能带隙 E_{g0}。I_{O0} 和 E_{g0} 需要同步进行计算。式（4-14）被代入式（4-13）得到

$$\ln I_O - 3\ln \frac{T_C}{T_0} = \ln I_{O0} + E_{g0} \left[\frac{1}{k} \left(\frac{1}{T_0} - \frac{1}{T_C} + 0.0002677 \frac{T_C - T_0}{T_C} \right) \right] \quad (4-66)$$

对 $Y = \ln I_O - 3\ln \dfrac{T_C}{T_0}$ 和 $\boldsymbol{X} = \left[1 \ \dfrac{1}{k} \left(\dfrac{1}{T_0} - \dfrac{1}{T_C} + 0.0002677 \dfrac{T_C - T_0}{T_C} \right) \right]$ 进行类如 $Y = \boldsymbol{X\beta}$

的回归分析，获取相关系数 $\boldsymbol{\beta} = \begin{bmatrix} \beta_1 \\ \beta_2 \end{bmatrix}$，从而得到

$$I_{O0} = \exp(\beta_1) \quad (4-67)$$

$$E_{g0} = \beta_2 \quad (4-68)$$

参数 I_{O0} 和 E_{g0} 的求解示例如图 4-21 所示。

在光伏系统参考模型（SAM）[2] 中，将晶硅电池的参数 E_{g0} 固化为一个理论值（1.12eV），该值适用于大多数光伏组件。而本节中计算出的 E_{g0} 试验值通常小于这个理论值，并且使用试验值显著提高了拟合模型的准确性，使用 E_{g0} 试验值和理论值的模型精度对比如图 4-22 所示。

（3）并联电阻 R_{SH0} 和串联电阻 R_{S0}。对 $Y = R_{SH}$ 和 $X = E_0/E$ 进行回归分析，得到 $Y = R_{SH0}X + \varepsilon$，从而得出 R_{SH} 的值。

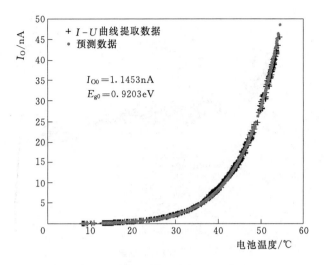

图 4 - 21 参数 I_{O0} 和 E_{g0} 的求解示例

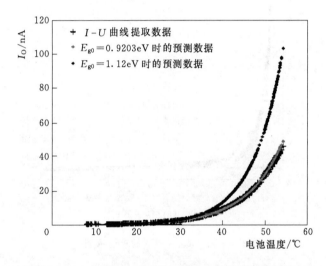

图 4 - 22 使用 E_{g0} 试验值和理论值的模型精度对比

R_{S0} 取从 K 条实测 I - U 曲线求得的串联电阻均值，即

$$R_{S0} = \frac{1}{K} \sum_{i=1}^{K} R_{S,i} \qquad (4-69)$$

R_{SH0} 和 R_{S0} 的求解示例如图 4 - 23 所示。

如图 4 - 23 所示，模型计算出的 R_{SH} 和 R_S 并不总是严格跟随实测 I - U 曲线提取出的参数值变化趋势，尤其是在低辐照度下。导致模型预测值和实测提取值之间存在差异的原因包括：经验模型中的 R_{SH} 和 R_S 在特定辐照度和温度条件下相互依存；提取的参数中存在系统偏差，或者单个二极管方程和 I - U 曲线数据之间的失配。通过使 R_{SH} 和 R_S 更接近于提取参数的趋势，可以提高模型预测精度。

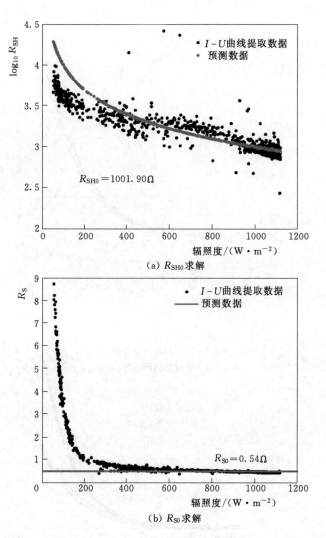

(a) R_{SH0} 求解

(b) R_{S0} 求解

图 4 - 23　R_{SH0} 和 R_{S0} 的求解示例

（4）二极管（理想）因子 n_0。二极管（理想）因子是一个恒定的数值，故取 $n_0 = n$，n 由式（4 - 31）计算得出。

4.3.3　检验与验证

通过模型计算得到模拟 I-U 曲线，与光伏组件 STC 参数进行比较，从而检验模型精度。通过预测包含单晶硅电池的代表性模块室外性能来验证该方法。

4.3.3.1　检验

使用单个二极管模型计算出四组模拟 I-U 曲线，分别代表了高性能晶硅组件、低性能晶硅组件、高性能薄膜组件、低性能薄膜组件的发电性能，由组件模型得出的 4 种组件在 STC 条件下的 I-U 曲线如图 4 - 24 所示。表 4 - 1 列出了每个组件的单个二极管模型参数以及组件STC性能参数。

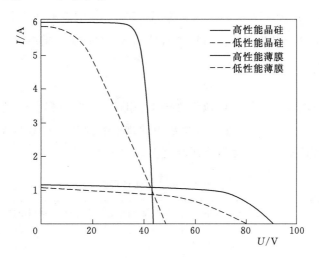

图 4-24 由组件模型得出的 4 种组件在 STC 条件下的 $I-U$ 曲线

表 4-1 校 验 用 的 组 件 参 数

组件参数		高性能晶硅组件	低性能晶硅组件	高性能薄膜组件	低性能薄膜组件
模型拟合参数	I_{L0}/A	6.000	6.000	1.200	1.200
	I_{O0}/nA	1.000	10	0.5	5
	n_0	1.05	1.30	1.50	1.50
	R_{SH0}/Ω	1000	200	500	200
	R_{S0}/Ω	0.2	5	10	20
	E_{g0}/eV	1.12	1.12	0.85	0.85
	$\alpha_{I_{3C}}/(A \cdot ℃^{-1})$	0.002	0.002	0.0004	0.0004
	N_S	72	72	110	110
STC 性能参数	I_{SC0}/A	5.999	5.852	1.177	1.091
	U_{OC0}/V	43.718	48.508	90.867	80.081
	I_{MP0}/A	5.656	4.018	0.981	0.786
	U_{MP0}/V	36.820	25.561	69.166	53.805
	P_{MP0}/W	208.26	102.70	67.82	42.294
	FF	0.794	0.362	0.634	0.484
	$\beta_{U_{OC}}/(V \cdot ℃^{-1})$	−0.180	−0.241	−0.245	−0.275

校验使用了100个等间隔的电压点，在符合《光电（PV）模块性能试验和额定功率 第1部分：辐照度、温度性能测量和额定功率［Photovoltaic（PV）module performance testing and energy rating – Part 1：Irradiance and temperature performance measurements and power rating]》（IEC 61853-1）的环境条件下计算了28条 $I-U$ 曲

线，即有效辐照度为 100W/m²、200W/m²、400W/m²、600W/m²、800W/m²、1000W/m² 或 1100W/m²，组件温度为 15℃、25℃、50℃ 或 75℃；其中忽略了非常高的有效辐照度和低组件温度的组合，以及非常低的有效辐照度和高组件温度的组合。

4.3.3.2　参数复现

将参数估计方法应用于每个模拟组件的 28 组 $I-U$ 曲线集合。模型和性能参数估计误差见表 4-2。表 4-2 将每个估计参数中的错误列为其真实值的百分比。执行足够的迭代，直到参数值不随着更多迭代而改变。

表 4-2　　　　　　　　　　　模型和性能参数估计误差　　　　　　　　　　　　　%

组件参数		高性能晶硅组件	低性能晶硅组件	高性能薄膜组件	低性能薄膜组件
模型拟合参数	I_{L0}/A	5.0×10^{-5}	0.042	0.019	0.17
	I_{O0}/nA	-0.64	-4.1	-16.4	-38.8
	n_0	-0.029	-0.21	-0.84	-2.6
	R_{SH0}/Ω	-0.28	-3.5	-0.43	-0.9
	R_{S0}/Ω	0.12	0.023	0.86	1.4
	E_{g0}/eV	0.032	0.23	0.93	2.7
STC 性能参数	I_{SC0}/A	-3.3×10^{-5}	-0.047	-6.4×10^{-3}	-0.039
	U_{OC0}/V	0.028	0.20	0.82	2.5
	I_{MP0}/A	-5.8×10^{-4}	0.10	0.11	-0.74
	U_{MP0}/V	0.028	0.24	0.91	3.2
	P_{MP0}/W	0.028	0.35	0.80	2.4
	FF	-3.9×10^{-4}	0.19	-0.019	-0.09
迭代次数		100	500	500	500

4.3.3.3　验证

利用 96 块单晶硅组件的 951 条 $I-U$ 曲线进行模型验证。在模块的平面内用相当匹配的参考单元测量有效照度。此模块的先前测试建立了以下参数 $\alpha_{I_{SC}} = 0.002A/℃$，$\beta_{U_{OC}} = -0.187V/℃$。

使用等效电池温度法从测量的 U_{OC} 和 U_{SC} 估计电池温度。将 205 条 $I-U$ 曲线数据分成一组进行模型估计，然后预测剩余 746 条 $I-U$ 曲线的组件性能。用于模型校验的有效辐照强度和电池温度如图 4-25 所示。

校验数据获取的估计模型参数见表 4-3。相对于实测值的模型误差如图 4-26 所示，图 4-26 显示了由组件模型拟合出来的 4 个关键点参数与实测值之间的误差分布情况，可以看出，误差非常小，说明模型具有较高的精度。

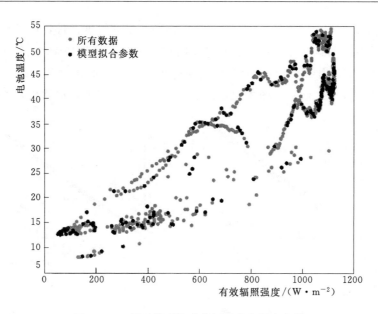

图 4-25　用于模型校验的辐照度和温度条件

表 4-3　　　　　　　　　　　　校验数据获取的估计模型参数

参数	数值	参数	数值
$\alpha I_{SC}/(\text{A} \cdot \text{℃}^{-1})$	0.0020	I_{O0}/nA	1.067
$\beta U_{OC}/(\text{V} \cdot \text{℃}^{-1})$	−0.1871	E_{g0}/eV	0.9177
N_{S}	96	R_{SH0}/Ω	327.2
n	1.170	R_{S0}/Ω	0.4827
I_{L0}/A	5.965		

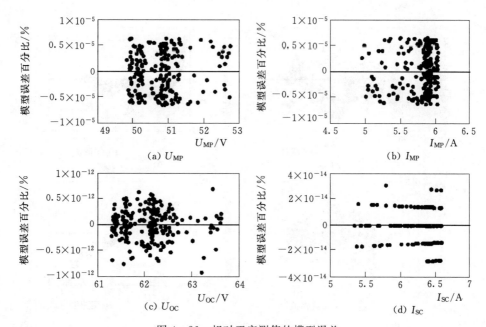

图 4-26　相对于实测值的模型误差

接下来根据 746 个样本的 I-U 曲线对应的辐照度和温度条件，由组建模型对光伏组件的输出特性进行预测。组件电压和电流的预测值与实测值如图 4-27 所示。图 4-27 给出了实际测量到的电压和电流与使用组件模型计算出的预测值，组件电压和电流的预测误差如图 4-28 所示。图 4-28 显示了图 4-27 中每个数据的相对预测误差，可

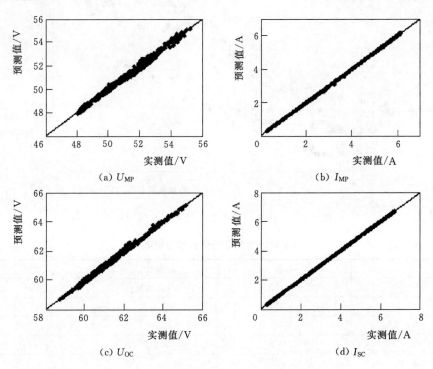

(a) U_{MP}　　　(b) I_{MP}

(c) U_{OC}　　　(d) I_{SC}

图 4-27　组件电压和电流的预测值与实测值

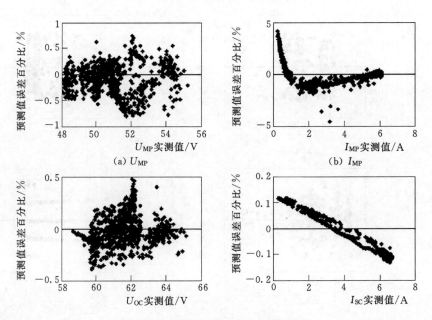

(a) U_{MP}　　　(b) I_{MP}

(c) U_{OC}　　　(d) I_{SC}

图 4-28　组件电压和电流的预测误差

以看出，该模型在大部分情况下都能较为准确地预测出组件的输出电压和电流，I_{MPP} 的预测在高辐照度下更准确。

组件最大功率预测值及实测值如图 4-29 所示。图 4-29 展示了光伏组件最大功率 P_{MPP} 的预测值和实测值，组件最大功率预测误差如图 4-30 所示。这里的误差并不表征模型关键参数拟合算法不够精确，而是说明了采用的单个二极管模型本身还是存在一定的缺陷，不能完美地复现实际 $I-U$ 曲线。

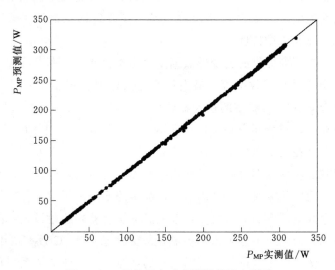

图 4-29　组件最大功率预测值及实测值

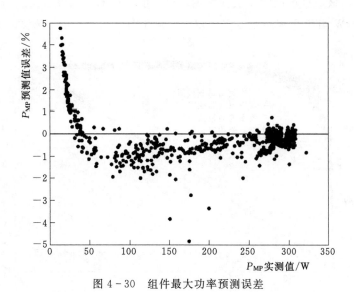

图 4-30　组件最大功率预测误差

4.4　光伏逆变器户外运行模型

光伏逆变器的户外运行性能直接影响着光伏系统的发电量，因此，研究并建立可以反映不同工况下逆变器运行特性的户外运行模型,对评估光伏系统户外运行性能至关重要。

4.4.1　逆变器性能模型描述

逆变器有多种性能参数,输入端性能参数主要包括最大直流功率、最大直流电压、最大直流电流、功率阈值、最大功率点额定电压、最大功率点电压范围。逆变器输出端性能参数主要包括电网额定频率、电网额定电压、额定交流功率、额定交流电流、最大交流功率、最大交流电流、输出功率参数。其他参数包括总谐波失真 THD、功率因数、耐受极端温度以及机械特性。

通常情况下,在厂商提供的逆变器数据手册中逆变器的效率以最大效率值给出,如欧洲效率、CEC 效率或中国效率等。最大效率无法体现逆变器在不同工况下的实际工作性能,可以结合 Sandia 实验室的逆变器建模方法和户外实证测试数据来建立光伏逆变器的户外运行模型。逆变器户外运行模型用于分析光伏实证电站的逆变器运行数据,这些运行数据被存储在实证电站的数据服务器中。

通过测量得到的长期数据可以分析光伏组件和逆变器的运行性能,数据跨度可以是数周或数月,选取原则只需时间跨度内包含足够多的不同运行工况。户外实证提供了成千上万条不同功率和电压下的测试数据,范围涵盖从启动到超过最大峰值功率等级。但是,户外环境下的直流电压不能被精确控制,故无法按照 CEC 效率或中国效率实验室测量那样选取固定值的电压测试点。现场测试的优点在于其获取了系统真实条件下的运行数据,同时,该数据可以防止实验室测试中可能存在的测试设备与逆变器之间的互相干扰问题。60kW 组串光伏逆变器实际测试结果如图 4-31 所示。测试时长为 2 周。

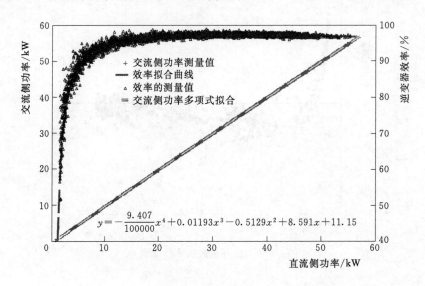

图 4-31　60kW 组串光伏逆变器实际测试结果

从图 4-31 中很容易看出测试的交流功率与直流功率之间的关系,无论是多云还是晴天,在整个直流输入功率范围内,光伏逆变器交直流功率呈现线性关系。但是,在不同电压及功率等级下的光伏逆变器损耗以及电路特性导致了逆变器交流功率与直流功率的非线性。将交流与直流功率内在非线性放大的逆变器效率测试值（交流侧功率除以直流侧功率）也在图 4-31 中展示出来。在光伏发电系统建模中，逆变器效率常常被认为是一个恒定值，或者认为在运行范围内线性变化，这些都与实际情况不符。逆变器效率点的分布来自于直流输入电压、逆变器自身运行特性、辐照度的变化以及测试误差等的综合作用。

逆变器的性能稳定是光伏系统性能可靠性的先决条件，也是模型参数提取的先决条件。同样，光伏阵列性能的稳定是光伏系统高可靠性的先决条件。因此，在实验室测试时，逆变器测试流程必须精确，可重复同时且不会引入电气不稳定性，但是仅凭这些不稳定性不能代表光伏系统的真实运行情况。

需要注意的是，此处光伏逆变器的 MPPT 效率没有被包含在效率模型当中。①MPPT效率现在已经做得非常高，为 $98\%\sim100\%$；②MPPT 效率非常难于测试，因为这需要同步测试输入到逆变器的直流功率以及光伏阵列的最大功率点。在多数情况下，当逆变器在搜索光伏阵列的最大功率点 P_{MPP} 时，逆变器的运行电压在合理范围内会有迅速的变化。

逆变器运行温度或者环境温度都没有被包含在该性能模型中，其原因有两个：①列为 CEC 认证资格的实验室逆变器测试是在不同的环境温度下（25～40℃）进行的，其效率与温度没有很强的相关性；②在实际应用中，逆变器安装地点和方向（车库中、外墙、阳光下、阴影处）各不相同，因此，将逆变器运行温度作为环境条件的函数意义不大。因此，如果实验室验证了逆变器在其最高环境温度下性能稳定，同时，如果逆变器按照生产商要求安装，在逆变器性能建模时，不需要包含逆变器温度。

4.4.2　基本公式和参数定义

采用直流功率、直流电压（自变量）和逆变器交流输出的关系定义模型。具有"o"下标的是恒定值，通常这些量是在参考或标称运行条件下获取的，即

$$P_{ac}=\left[\frac{P_{aco}}{(A-B)}-C(A-B)\right](P_{dc}-B)+C(P_{dc}-B)^2 \tag{4-70}$$

其中
$$A=P_{dco}[1+C_1(U_{dc}-U_{dco})] \tag{4-71}$$

$$B=P_{so}[1+C_2(U_{dc}-U_{dco})] \tag{4-72}$$

$$C=C_o[1+C_3(U_{dc}-U_{dco})] \tag{4-73}$$

式中　P_{ac}——逆变器交流侧输出功率，其值与直流输入功率和直流电压相关；

P_{dc}——逆变器直流侧输入功率，常被假定为与光伏阵列最大功率相等；

U_{dc}——直流输入电压，常被假定为与光伏阵列最大功率点电压相同；

P_{aco}——标准工况下，逆变器的最大交流输出功率；

P_{dco}——标准工况下，交流功率达到额定状况时的直流功率等级；

U_{dco}——标准工况下，交流侧功率达到额定功率时的直流侧电压等级；

P_{so}——逆变器开启逆变器直流侧功率，或者逆变器自耗电，该参数严重影响逆变器在低功率等级下的效率；

C_o——参考运行环境中逆变器交直流关系的曲线曲率，在线性关系中，其默认值为 0；

C_1——经验系数，该经验系数允许 P_{dco} 随着直流电压输入而变化，其默认值为 0；

C_2——经验系数，该经验系数允许 P_{so} 随着直流电压输入而变化，其默认值为 0；

C_3——经验系数，该经验系数允许 C_o 随着直流电压输入而变化，其默认值为 0。

为了说明模型中参数的物理意义，将模型曲线中表征关键性能参数的数据点或数据段进行放大，逆变器性能模型以及因素描述如图 4-32 所示。

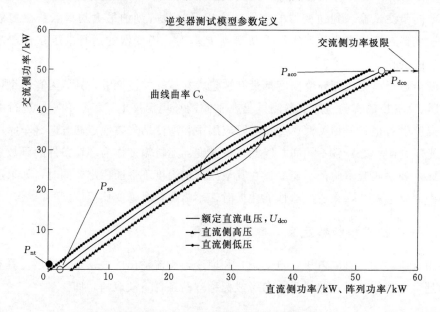

图 4-32　逆变器性能模型以及因素描述

4.4.3　逆变器运行参数提取

4.4.3.1　厂家提供参数

光伏逆变器运行模型的准确性以及适用性取决于模型中的性能参数。在构建模型时，可以随着更多详细测试数据来获得更多的模型参数，提高模型的准确性。最初的默认参数可以从逆变器厂家的说明书中获取。长时间系统运行过程中交直流功率的测量能够提供更多的参数并且提升精确度。最终，在实验室的详细测试可以用于获取模型中的所有性能参数。

4.4.3.2 户外性能测试

来自于厂家说明书的参数和模型可用性能参数差别很大。但是，可以合理估计确定三种用于逆变器性能简单线性模型的参数（P_{aco}，P_{dco}，P_{so}），这三种参数不依赖于直流电压的输入。用 P_{aco} 除以效率值可得到相关联的直流功率等级（P_{dco}）。在说明书中，光伏逆变器直流侧开启功率（P_{so}）通常不会给出，由于缺少相关说明，对 P_{so} 的合理预估是 1% 的逆变器额定功率。

当对一段时间内的光伏逆变器直流侧功率和交流侧功率进行测试时，可以确定更多的光伏逆变器运行性能参数，以提高相对简单的逆变器线性性能模型的准确度。图 4-31 表明了一个逆变器交直流侧功率以及效率的 2 周测试结果，测试条件包含了晴天和阴天，这里记录的数据是瞬时值。相应的直流电压也在户外测试的时候被记录。测试的交流功率以及相应的直流功率用一个四阶多项式来拟合，以提供用在性能模型中的参数 P_{dco}、P_{so}、C_o。P_{aco} 被认为与数据手册中最大交流功率等级相等。这个四阶多项式用于求解当 $P_{ac}=0$ 时 X 轴上的截距 P_{so} 和当 $P_{ac}=P_{aco}$ 时的 P_{dco}。测试并记录一个单日的数据可以提供具有预期代表性的逆变器性能参数。

将逆变器计算模型和实测效率之间的误差拟合成与实测直流功率之间的函数，进而可评估出逆变器性能模型的现场测试误差。图 4-33 为图 4-31 中逆变器户外测试效率与模型计算效率误差。值得注意的是，其误差对称分布在 0 附近，并且大多数功率误差范围在 ±1% 以内。该逆变器模型计算出的效率为 97.5%，其不确定度约为 ±0.9%。当逆变器直流侧限功率运行时，将在峰值功率等级处产生更大的误差。随着逆变器效率的快速下降，在低功率等级处也将产生较大的误差，其原因包括测试误差以及模型的边界限制。采用现场测量获取的数据可以提高实验室测试模型的精度，并可一定程度上增加模型的复杂性。本书结合由光伏系统运行过程中现场测试得到的性能系数，提供了一种建立逆变器模型的简单方法，该模型可实现逆变器性能的有效预测。

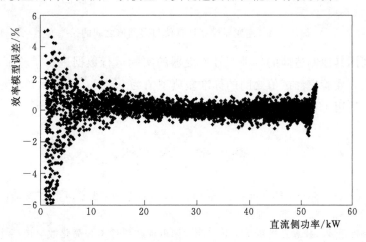

图 4-33　逆变器户外测试效率与模型计算效率误差

4.4.3.3　实验室性能测试

模型中所有性能参数都可以通过 CEC 测试数据来确定，用 CEC 数据表来确定性能参数的过程与先前采用现场测试数据的案例类似，主要差别在于前者需要分别处理三个不同直流电压等级下的数据，允许 P_{dco}、P_{so}、C_o 三个参数表示为直流电压 U_{dc} 的线性函数，如式（4-71）~式（4-73）所示，在近似恒定的直流电压等级下，对每套交流功率与直流功率数据，逐一进行三个抛物线拟合。

为了确定系数 C_1、C_2 和 C_3，利用由三个独立的抛物线拟合得出的 P_{dco}、P_{so} 和 C_o 值，分别计算每个直流电压的影响因子。使用相同的分析程序可以确定 U_{nom} 参考电压下的 C_1、P_{dco}、C_3、C_o。

由于考虑了三个等级的电压影响因子，本书中采用的逆变器性能模型复杂性相对较大，但显著降低了逆变器效率模型的误差。逆变器模型计算值与实测值之间的误差如图 4-34 所示，当所有参数都包含在模型中时，利用 CEC 数据得出的逆变器效率模拟值和实测值之间的计算误差可降低到 0.2% 以下。

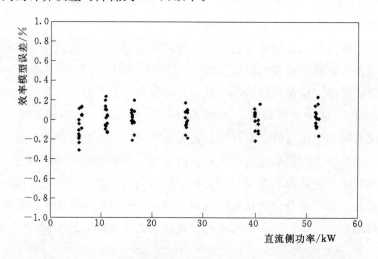

图 4-34　逆变器模型计算值与实测值之间的误差

进一步利用其他制造商的各种型号逆变器的实际运行数据进行了验证，结果表明，该模型计算值与实验室测试值之间的标准差典型值为 0.1%，因此，该模型具有很高的精度，且普遍适用于各种型号、设计以及生产厂商的逆变器。

参　考　文　献

［1］　Antonio Luque, Steven Hegedus, et al. 光伏技术与工程手册［M］. 王文静，李海玲，周春兰，赵雷，等，译. 北京：机械工业出版社，2011.
［2］　廖志凌，阮新波. 任意光强和温度下的硅太阳电池非线性工程简化数学模型［J］. 太阳能学报，2009，30（4）：430-435.

［3］ 姜楠，陈渊，王辉，等. 并网光伏逆变器转换效率的仿真与实证研究［J］. 太阳能，2013 (14)：56－60.

［4］ Hansen C. Parameter estimation for single diode models of photovoltaic modules ［R］. Sandia National Laboratories，2015.

［5］ Ortiz－Conde. A.，F. J. García Sánchez，J. Muci. New method to extract the model parameters of solar cells from the explicit analytic solutions of their illuminated I－V characteristics ［J］. Solar Energy Materials and Solar Cells，2006，90 (3)：352－361.

［6］ Hansen，C.，A. Luketa－Hanlin，J. S. Stein. Sensitivity of single diode models for photovoltaic modules to method used for parameter estimation. in 28th European Photovoltaic Solar Energy Conference ［C］. 2013.

［7］ Bowen. M. K.，R. Smith. Derivative formulae and errors for non－uniformly spaced points. Proceedings of the Royal Society A：Mathematical ［J］. Physical and Engineering Science，2005，461 (2059)：1975－1997.

［8］ Corless R. M.，Gonnet G. H.，Hare D. E. G.，et al. On the Lambert W function ［J］. Advances in Computational mathematics，1996，5 (1)：329－359.

［9］ De Soto. W.，S. A. Klein，W. A. Beckman. Improvement and validation of a model for photovoltaic array performance. Solar Energy，2006. 80 (1)：78－88.

［10］ Kratochvil J A，Boyson W E，King D L. Photovoltaic array performance model ［R］. Sandia National Laboratories，2004.

［11］ D. L. King，G. M. Galbraith，W. E. Boyson，et al. Array Performance Characterization and Modeling for Real－Time Performance Analysis of Photovoltaic Systems ［C］. 4th World Conference on PV Energy Conversion，Hawaii，2006.

［12］ Bower W，Whitaker C，Erdman W，et al. Performance test protocol for evaluating inverters used in grid－connected photovoltaic systems ［R］. Sandia National Laboratories，2004.

第5章　光伏发电户外实证测试平台

本章主要介绍光伏发电户外实证测试平台的设计与建设，分为设计原则与系统架构、光伏实证测试平台主体测试系统、辅助服务系统以及实证测试平台的运行与维护。利用建立的光伏发电户外实证测试平台，通过对光伏发电的长期户外实证测试，考察光伏发电部件运行性能。目前的光伏发电户外实证测试平台主体测试系统包括气象资源户外实证测试系统、光伏组件户外实证测试系统、光伏逆变器户外实证测试系统。

5.1　设计原则、系统架构与选址原则

5.1.1　设计原则

光伏发电户外实证平台能够测试、统计和分析光伏电站内关键部件的长期运行性能指标，为光伏组件和逆变器的选型、评价和标准制定提供数据支撑。因此，光伏发电户外实证测试平台在总体设计时，应遵循全面性、公平性、信息安全性、可靠性、可扩展性五大原则。

1. 全面性原则

涵盖光伏电站内所有类型光伏组件及光伏逆变器。

2. 公平性原则

户外实证测试平台的设计应保证所有被测组件外部环境一致，被测逆变器外部环境一致；被测组件及逆变器加装由第三方机构计量校准的监测设备；监测设备定期校准，确保结果准确。

3. 信息安全性原则

所有测试设备通信应遵循电站建设地相关部门的信息安全要求，采用相关安全机制和技术手段保障系统监测信息的应用安全、数据安全、主机安全、网络安全。

4. 可靠性原则

设施应满足 $7 \times 24h$ 可靠运行的要求，系统关键环节软硬件资源设计采用高可用性方案，保证系统运行的高度可靠。

5. 可扩展性原则

设施应采用柔性设计，拥有良好的可扩展性，具备灵活配置能力，能随着监测需求

变化灵活重组与调整。

5.1.2 系统架构

光伏发电户外实证测试平台的系统架构如图5-1所示，主要包括：①主体测试系统，包括气象资源户外实证测试系统、光伏组件户外实证测试系统和光伏逆变器户外实证测试系统等；②辅助服务系统，包括通信系统、数据存储系统和数据分析展示系统；③实证平台运行维护方案，包括气象资源户外实证测试系统、光伏组件户外实证测试系统和光伏逆变器户外实证测试系统的运维方案。

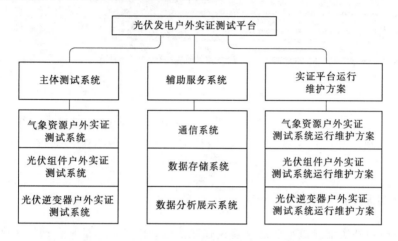

图5-1 光伏发电户外实证测试平台的系统架构

以建在山西大同的我国首个光伏"领跑者"先进技术实证平台为例，如图5-2所示。其中，A区域为光伏信息中心、B区域为光伏组件户外实证测试系统、C区域为光伏逆变器户外实证测试系统、D区域为气象资源户外实证测试系统、E区域为光伏组件户外STC测试装置。

光伏信息中心用于收集光伏发电户外实证平台内各系统的测试数据，并对数据进行存储、解析、分析与展示。

光伏组件户外实证测试系统可对多块光伏组件的长期衰减特性进行在线测试，监督光伏组件质量。针对光伏组件测试数据进行综合分析，可实现组件各类参数、曲线的自动处理与绘制。

光伏逆变器户外实证监测系统，具备对各种类型逆变器进行实证监测的能力，监测运行过程中中长期发电量、逆变器效率等性能参数。在该区域内还具备光伏组串一致性实证测试装置，装置对各方阵的光伏组串抽取一定容量，配置多通道组串$I-U$监测仪实现对汇流单元的长期$I-U$特性监测和记录，结合气象要素综合监测系统的气象信息进行分析，可评估各组串的发电能力、发电效率、失配程度等特性，为系统效率评估提供支持。

气象资源户外实证测试系统，实现光伏电站气象资源中长期的监测与分析，为光伏

图 5-2 我国首个光伏"领跑者"先进技术实证平台

组件户外实证测试系统、光伏逆变器户外实证测试系统提供气象信息。光伏组件户外STC测试装置在组件进行实证测试前和实证测试中，定期给组件提供 STC 条件功率标定。

5.1.3 选址原则

光伏发电户外实证测试平台通常建设在光伏电站内部，实证平台选址在满足传统光伏电站选址原则的基础上，针对其测试的特殊性，还应满足如下要求：

实证平台应选择地势平坦的地区、高地以及北高南低的坡度地区，周围无树木等障碍物的近处阴影遮挡，并尽量减小远处阴影遮挡。

实证平台中气象资源户外实证测试系统应与光伏组件户外实证测试系统相邻，同时需保证气象资源户外实证测试系统全年全天无近处阴影遮挡。

5.2 主体测试系统

5.2.1 气象资源户外实证测试系统

气象资源户外实证测试系统选用多类型高精度气象资源传感器，对光伏发电户外实证测试平台建设地的可见光辐照、红外辐照、紫外辐照、环境温度、环境湿度、风速、风向、日照时长、黑白板温度、光谱等进行长期监测，其结果不仅可为组件实证衰减测试、逆变器效率测试等提供必要的气象信息，还可用于分析当地气象资源。

5.2.1.1 太阳辐照计

太阳辐照计是用来测量太阳辐照的重要设备，其中总辐照计可以测量来自于各个方向的太阳总辐照量，包括直射光、散射光及反射到表面的反射光，太阳辐射计如图5-3所示。总辐照计主要由以下部分构成：

（1）入射光线检测器。精确的入射光线检测器由一对热电偶构成，被称为热电堆，其接收表面有一黑色涂层，用来测量暴露于阳光下的黑色表面的温度，其中最准确的辐照计为黑白相间涂层，黑色部分吸收光，白色部分反射光，热电堆测量出两者的温度差，并产生与辐照量程成比例的电压值。

图5-3 太阳辐照计

（2）玻璃罩。辐照计采用同心圆式玻璃罩，覆盖在入射光线检测器上。根据世界气象组织（World Meteorological Organization，WMO）和国际标准化组织（International Organization for Standardization，ISO）的相关规定，各国生产的太阳辐照仪按照其性能优劣可分为三类，其中"次基准级"为高优质量，适用于做标准辐照计或在辐照基准站上使用，"一级"为良好质量，适合在日常业务中使用，"二级"为中等质量，适用于对辐照监测要求不太高的场合，不同等级总辐照表参数要求见表5-1。

表5-1　　　　　　　　不同等级总辐照表参数要求

项　目		标准组	次基准级	一级	二级
	响应时间（95%终值）	ISO&WMO	<15s	<30s	<60s
零漂移	200W/m² 净热辐照响应（有风）	ISO&WMO	7W/m²	15W/m²	30W/m²
	环境温度变化在5℃/h	ISO&WMO	±2W/m²	±4W/m²	±8W/m²
分辨率（最小可检测变化）		WMO	±1W/m²	±5W/m²	±10W/m²
不稳定性（年变化百分比）		ISO&WMO	±0.8%	±1.5%	±3%
非线性度（从500W/m²到1000W/m²，以100W/m²为步长）		ISO&WMO	±0.5%	±1%	±3%
直射辐照的响应（法向直射辐照为1000W/m²，在其他方向上测量引起的误差范围）		ISO&WMO	±10W/m²	±20W/m²	±30W/m²
光谱响应（光谱吸收率与平均透过率的偏差）		ISO（0.35~1.5μm）	±3%	±5%	±10%
		WMO（0.3~3μm）	±2%	±5%	±10%
温度响应［环境温度（50℃）改变而带来的误差］		ISO&WMO	±2%	±4%	±8%
倾角响应（在辐照度1000W/m²时，倾角从水平至垂直偏差）		ISO&WMO	±0.5%	±2%	±5%
95%置信度水平下可达到的不确定度		WMO（小时累积量）	3%	8%	20%
		WMO（日累积量）	2%	5%	10%

根据《光伏系统性能　第 1 部分：监控（Photovolatic system performance part1：monitoring）》（IEC 61724：2017）中相关要求，还可利用标准电池片来测量太阳辐照。太阳辐照计的工作原理为基于黑体吸收太阳辐照引起温升，产生电压信号，进而转换为辐照信号。而基于光伏效应，太阳辐射使电池片直接产生电压与电流信号，结合电池片自身温度测试结果，得到相应的辐照度。

热辐射太阳辐照计和标准电池片辐照计，两者在性能上存在如下差别：

（1）响应时间。热辐射太阳辐照计积累热量需要时间，而标准电池片响应时间短。

（2）入射角敏感性。热辐射太阳辐照计封闭在半球形玻璃罩内，而标准电池片采用平板玻璃，因此标准电池片对入射角敏感性较弱。

（3）光谱响应。热辐射太阳辐照计对于 $0.3 \sim 3\mu m$ 波长范围内的光均可吸收，而标准电池片对光谱的吸收具有一定的选择性。

（4）低辐照度下特性。热辐射太阳辐照计在低辐照度下的响应要优于标准电池片。

（5）温度响应特性。对于热辐射太阳辐照计，由环境温度变化 50℃ 以内引起的百分比偏差不超过 1%；而标准电池片辐照计在温度变化也为 50℃ 时，其偏差将达到 23% 左右，在实际测试中，需根据标准电池片的温度进行修正。

在户外实证测试系统中，通常优选太阳辐照计测试方案。

5.2.1.2　气象资源户外实证测试系统组成

气象资源户外实证测试系统主要为实证平台提供部件性能评估的全部气象要素数据。测试区中的模块包括：风速、风向传感器；温度、湿度传感器；黑白板温度传感器；红外辐射传感器；总辐照传感器；紫外辐照传感器；气压计以及雨量筒等。气象资源户外实证测试系统如图 5-4 所示。

图 5-4　气象资源户外实证测试系统

在安装过程中，应当选择全年四周无遮挡并且靠近光伏组件户外实证测试系统的地区进行安装，同时应安装围栏，对设备进行隔离，同时应及时处理系统周围的杂草，以免其生长过高遮挡辐照计。

气象资源户外实证测试系统通常采用厂用电与光伏蓄电池相结合的供电模式，因此需要在前期设计时规划好供电电缆沟、蓄电池深埋等土建施工。

在系统中，为给光伏组件户外实证测试系统提供气象数据，选用4个相同型号的总辐照传感器，分别按照5°、45°、最佳倾角和当地纬度进行安装，与光伏组件户外实证测试系统中光伏组件所安装的4个角度相对应，其监测数据可为光伏组件实证监测结果提供辐照信息数据。在实证系统内部，气象资源户外实证测试系统数据采集装置常采用RS-485进行通信，为实现远距离传输，可利用光伏组件户外实证测试系统通信柜，进行RS-485通信与光纤转换。

气象资源户外实证测试系统将测试信息传输至信息中心，数据传输可达1min/次，气象要素传输数据见表5-2。

表5-2　　　　　　　　　气象要素传输数据

序号	传输数据	序号	传输数据
1	供电电压	22	最佳倾角总辐照度
2	数采温度	23	5°总辐照量
3	大气温度	24	45°总辐照量
4	平均温度	25	当地纬度总辐照量
5	最大温度	26	最佳倾角总辐照量
6	最小温度	27	5°紫外辐照度
7	大气湿度	28	最佳倾角紫外辐照度
8	平均湿度	29	5°紫外辐照量
9	最大湿度	30	最佳倾角紫外辐照量
10	最小湿度	31	5°红外辐照度
11	水气压	32	最佳倾角红外辐照度
12	大气压	33	5°红外辐照量
13	风速	34	最佳倾角红外辐照量
14	平均风速	35	黑板温度
15	风向	36	黑板平均温度
16	评价风矢量方向	37	黑板最大温度
17	雨量	38	黑板最小温度
18	日照时数	39	白板温度
19	5°总辐照度	40	白板平均温度
20	45°总辐照度	41	白板最大温度
21	当地纬度总辐照度	42	白板最小温度

5.2.2 光伏组件户外实证测试系统

光伏组件实验室 STC 功率标定和户外运行情况对比见表 5-3。

表 5-3 光伏组件实验室 STC 功率标定和户外运行情况对比

试验项目	实验室试验条件	室外运行情况
辐照度	$1000W/m^2$、$800W/m^2$、$200W/m^2$ 等固定点	从 $0\sim1300W/m^2$ 均有分布
温度	环境温度 20℃、组件温度 25℃	随季节、天气而变化
风速	1m/s	随环境变化
光谱	标准太阳光谱	受大气影响
Air Mass	$AM=1.5$	全年均在变化

由表 5-3 可以看出，光伏组件在实验室标定功率与实际运行中，环境等因素使组件标定功率与实际运行功率差别较大，国家能源局对光伏组件效率要求逐年提高，使得各生产厂商都采用先进技术及工艺的光伏组件，其工艺稳定性缺乏长期运行监测数据。因此，需要在不同气候资源区建设光伏组件户外实证测试系统。

光伏组件户外实证测试系统可针对组件 $I-U$ 特性和衰减特性进行长期户外实证监测，验证长期运行过程中组件效率及衰减率是否满足相关标准要求，并进行不同组件间的横向性能比较。对测试系统被测光伏组件进行抽样，通过配置光伏组件 $I-U$ 曲线在线监测系统和微型逆变器，实现对光伏组件 $I-U$ 特性及长期发电性能的监测和记录，结合气象资源实证测试系统监测的气象数据，可开展不同类型组件的发电能力、发电效率、失配程度和衰减速率等特性的测试和评估，为光伏组件的选型和评价、标准制定提供数据支撑。光伏组件户外实证测试流程如图 5-5 所示。

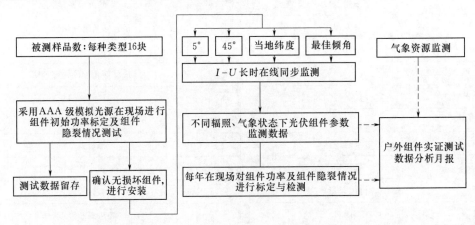

图 5-5 光伏组件户外实证测试流程

在测试流程中，首先选取 16 块被测组件，均在现场采用 AAA 级模拟光源对其初始功率进行标定，并留存测试数据，将被测组件安装在设定好的支架上，并将 $I-U$ 曲线在线测试装置及微型逆变器与光伏组件相连，组成光伏组件户外实证测试系统，在测试期间，定期在现场对组件功率及组件隐裂情况进行标定与检测。

5.2.2.1 光伏组件 I-U 曲线在线测试装置

光伏组件 I-U 曲线在线测试装置测试组件 I-U 曲线，并从其曲线上获取光伏组件开路电压、短路电流、最大功率点电压、最大功率点电流及最大功率等参数。其原理是光伏组件外接一个时间常数为 τ 的组件。可精确计算可变负载，通过调节负载的大小，扫描组件输出的电压和电流值，通常组件电压从 0 变化到开路电压值来完成对 I-U 曲线的扫描，在每个测试点上，同时测试光伏组件的输出电压与电流。光伏组件在线测量装置工作原理图如图 5-6 所示。

进行测试时，首先采样控制电路发开关 S2 控制信号使开关 S2 闭合，通过功率电阻 R 把电容上残余的电量消耗掉，使电容保持零初始状态；然后采样控制电路发开关 S2 控制信号使开关 S2 断开，发开关 S1 控制信号使开关 S1 闭合，被测光伏组件开始对专用负载进行充电，此时负载阻抗几乎为零，充电回路相当于短路，该时刻的数据即为短路电流；当充电结束时，专用负载阻抗非常大，充电回路相当于开路，此时的数据即为开路电压；在专用负载的充电过程中，电容的阻抗从零变化到无穷大，这就相当于光伏组件外部负载从零变化到无穷大。由图 5-6 可知，负载上的电压和充电电流的关系也同时反映了光伏阵列的当前电压和电流关系。对电容整个充电过程的电压、电流进行采样，这些采样点的组合就构成了当前环境条件下的阵列 I-U 特性曲线。光伏组件在线测量装置如图 5-7 所示。

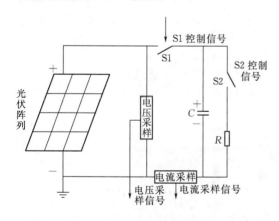

图 5-6　光伏组件在线测量装置工作原理图

图 5-7　光伏组件在线测量装置

5.2.2.2 光伏组件户外 STC 测试装置

在进行光伏组件户外实证测试前，需要在电站现场采用 AAA 级模拟光源对光伏组件初始功率进行标定，将组件标定功率作为组件初始功率对组件衰减率进行评估。同时检测其电致发光（EL）性能，确保被测组件的完整性。为此，光伏组件户外 STC 测试装置可在现场完成光伏组件 STC 测试以及 EL 检测工作。光伏组件 STC 测试装置如图

5-8 所示。

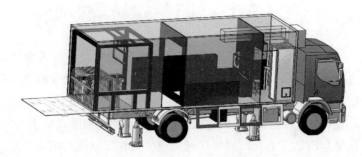

图 5-8　光伏组件 STC 测试装置

在光伏组件户外 STC 测试装置中，集成有符合 AAA 级的标准光源，光源有效照射面积不小于 $2m \times 1.2m$，辐照强度在 $500 \sim 1100W/m^2$ 可调。在有效测试面积内与 AM1.5 光谱匹配，其中光谱失配度不大于 12.5%，辐照不均匀度不大于 2%。闪光时间不小于 10ms。温度测试范围为 $0 \sim 100℃$。

装置 $I-U$ 曲线测量系统测量范围：电压 $0 \sim 200V$，精度 0.2%FS；电流 $0 \sim 20A$，精度 0.2%FS，可做双向扫描与量测，电流电压采集分辨率 16bit/s。

光伏组件户外 STC 测试装置按照功能分为办公区、测试区和自动化上下组件区。办公区主要由测试过程人员操作，对测试数据分析，测试区内放置控制柜、配电柜、绝缘耐压测试仪、接地连续性测试仪、EL 电源、$I-U$ 曲线测试电子负载、工控机、显示器等器件；测试区是组件进行自动化测试的区域，放置有完成组件性能测试的动力机构和执行机构，主要有氙灯光源、EL 测试相机等；自动化上下组件区域是对组件进行自动化操作的区域，放置有自动化流转机构、组件升降平台、组件支架等。光伏组件户外 STC 测试装置整车示意图如图 5-9 所示。

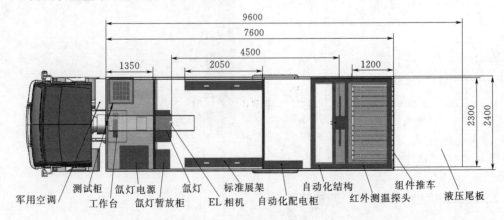

图 5-9　光伏组件户外 STC 测试装置整车示意图（单位：mm）

对于光伏组件户外 STC 测试装置，非常重要的一点为减震，建议整体采用四级减震措施，分别是车体自身一级减震，车厢底部整体铺设多层橡胶减震垫为二级减震，分体系统与车厢之间增加以弹簧减震为主的减震脚架为三级减震，独立设备包覆减震垫的四级减震。通过设置四级减震系统，达到对车厢内仪器设备起到全方位减震的目的。

1. 一级减震

在设计过程中对车体进行了配重设计，整车带有配重块，配重块采用铸铁材质，通过 5 点固定于地板。根据需要在车厢内不同地点固定，使整车重量平均分布，避免局部重量过重，造成行车危险。同时车身自带减震系统，缓解路面带来的冲击，迅速吸收颠簸时产生的震动，尽可能削弱路面对车身的影响。

2. 二级减震

在车厢底部整体铺设多层橡胶减震垫，进一步缓解运输过程中车厢的大幅震动。

3. 三级减震

在控制柜、电源柜、标准板架、组件支架等较重的设备、固定装置底部增加弹簧阻尼减震块、减震垫或军用级别的空气减震柱，进一步减少运输过程中的颠簸和冲撞。以电源柜为例，主体设备三级减震示意图如图 5-10 所示。

4. 四级减震

在单体测试设备周围，包覆减震条，对单体设备进行进一步减震。以控制柜为例，主体设备四级减震示意图如图 5-11 所示。

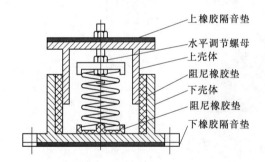
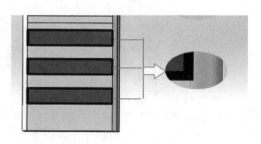

图 5-10 主体设备三级减震示意图（电源柜）　图 5-11 主体设备四级减震示意图（控制柜）

光伏组件户外 STC 测试装置满足并符合 IEC 61215、IEC 61646 等标准相关项目测试要求，具备相关配套设施的安装即用的完整系统，具备晶硅电池（单晶、多晶）、高效电池、薄膜电池检测能力，系统可实现安装于车内移动至电站现场进行检测的能力，组件 I-U 特性测试如图 5-12 所示。集成化电致发光 EL 测试如图 5-13 所示。

5.2.2.3 光伏组件户外实证测试系统搭建

光伏组件户外实证测试系统可针对组件 I-U 特性和衰减特性进行长期户外监测，验证在长期运行过程中组件效率及衰减率是否满足相关要求。在建设光伏组件户外实证测试系统时，通常遵循以下原则：

（1）光伏组件户外实证测试系统通常建设在靠近气象资源户外实证测试系统附近。

（2）光伏组件户外实证测试系统应满足被测组件冬至日上午 9：00 至下午 3：00 无

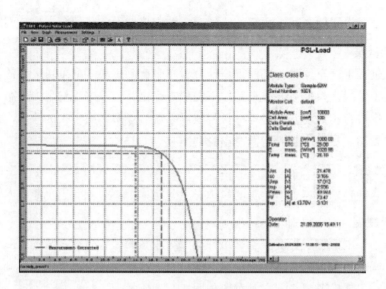

图 5-12　组件 $I-U$ 特性测试

EL 图片	标识	缺陷
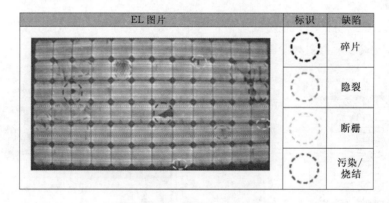	⭕	碎片
	⭕	隐裂
	⭕	断栅
	⭕	污染/烧结

图 5-13　集成化电致发光 EL 测试

遮挡。

（3）光伏组件户外实证测试系统对每种被测组件在现场随机抽取多块进行实证监测，每种被测组件至少选取 4 块以覆盖不同测试角度。

（4）根据设备老化相关标准及光伏组件设计规范，将光伏组件户外实证测试系统分 4 种角度对光伏组件长期运行性能进行监测，分别为 5°、45°、最佳倾角±5°可连续调节、当地纬度±5°可连续调节。

（5）在进行光伏组件户外实证测试前，需采用光伏组件 STC 测试装置在现场对光伏组件初始功率进行标定。

在进行光伏组件户外实证测试系统设计时，为满足需要对各支架之间间距满足冬至日上午 9：00 至下午 3：00 无阴影遮挡，需对支架之间间距进行合理计算与设计。

假设某立柱物体长度为 H，某一时刻其投影长度在东西、南北方向的分量分别为 H_{ew}、H_{sn}，障碍物阴影长度计算如图 5-14 所示，将冬至日上午 9：00 至下午 3：00 的

H_{sn}/H_{ew} 的比值定义为当地的影子倍率,用 τ 表示。

H_{sn} 和 H_{ew} 可以表示为

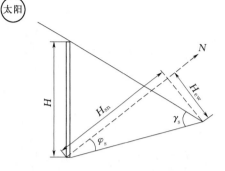

$$H_{sn}=H\cot\gamma_s\cos\varphi_s \qquad (5-1)$$

$$H_{ew}=H\cot\gamma_s\sin\varphi_s \qquad (5-2)$$

式中 γ_s——太阳高度角;

φ_s——太阳方位角。

光伏阵列前后排间距计算示意图如图 5-15 所示。

图 5-14 障碍物阴影长度计算

阵列前后排间距 D 可以表示为

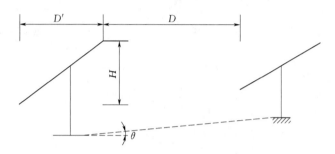

图 5-15 光伏阵列前后排间距计算示意图

$$D=\frac{H-D'\tan\theta}{\dfrac{1}{\tau}+\tan\theta} \qquad (5-3)$$

式中 θ——光伏阵列场站内南北向坡度;

D'——光伏阵列在南北向投影长度;

τ——当地影子的倍率。

在系统中,为了准确测试每块组件运行性能及发电量,需要给每一块被测组件加装 $I-U$ 曲线测试装置及微型逆变器,光伏组件首先与在线 $I-U$ 曲线测试装置相连,然后在线 $I-U$ 曲线测试装置与微型逆变器相连,通过微型逆变器进行 DC/AC 转换成单相交流电,经过汇流后,形成三相 Y 形连接并网。光伏组件户外实证测试系统电气连接原理图如图 5-16 所示。

在光伏组件户外实证测试系统中,当未进行测试时,光伏组件在线 $I-U$ 测试装置被旁路,光伏组件直接与微型逆变器连接,实现组件并网发电;当进行测试时,利用光伏组件在线 $I-U$ 测试装置内部开关断开组件与微型逆变器的连接,通过调节测试装置的内部负载对光伏组件的 $I-U$ 特性进行扫描,并从扫描曲线上获取光伏组件的短路电流、开路电压、最大功率点电流、最大功率点电压、最大功率等相关参数。

光伏组件在进行户外实证测试中,还需要上传光伏组件发电量信息,通过在线 $I-U$ 曲线测试仪内部光伏组件发电量计量元器件获取光伏逆变器发电量,可对比在当

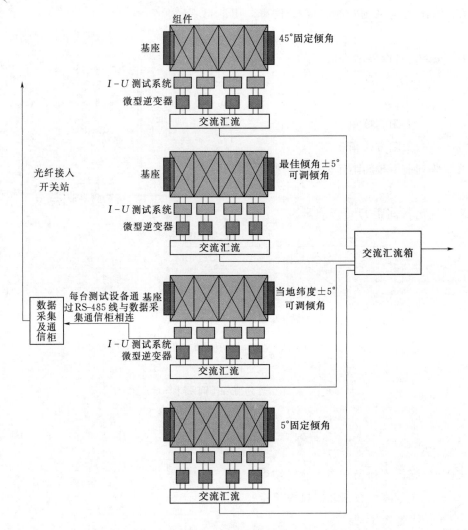

图 5-16　光伏组件户外实证测试系统电气连接原理图

地气候环境下光伏组件的发电量情况。

光伏组件在线 $I-U$ 曲线测试装置通过 RS-485 线缆与现场通信柜连接，利用通信柜中的转换机，将 RS-485 转换成光纤，上传至光伏电站开关站内。

光伏组件在线 $I-U$ 曲线测试装置通过 RS-485 线缆连接至通信柜中，利用通信柜中的转换机，将 RS-485 转换成光纤，上传至开关站。

光伏组件户外实证测试系统在现场将光伏组件 $I-U$ 测试数据和微型逆变器运行数据进行上传，数据测试时间间隔可调，通常在辐照较好的情况下，采用 10min/次，传输数据包括：

（1）$I-U$ 曲线测试装置数据：测试开路电压、测试短路电流、测试最大功率点电压、测试最大功率点电流、测试最大功率、测试填充因子、测试背板温度、STC 开路电压、STC 短路电流、STC 最大功率点电压、STC 最大功率点电流、STC 最大功率、

STC填充因子、组件转换效率、直流累积发电量。

（2）微型逆变器数据：直流侧电压、直流侧电流、直流侧功率、直流侧发电量、交流侧有功功率、交流侧累积发电量、微逆转换效率、频率、信号质量、微逆状态代码。光伏组件户外实证测试系统如图5-17所示。

（a）整体图

（b）$I-U$在线测试装置与微信逆变器安装图

（c）测试区通信柜接线

图5-17 光伏组件户外实证测试系统

5.2.2.4 光伏组串一致性实证测试装置

在现场，除了监测光伏组件自身运行性能外，还要对光伏组串一致性进行实证测试。

光伏组串一致性主要是指在同一时刻，连接相同光伏逆变器的各光伏组串由于组件及施工方面的差异性，会导致光伏组串输出性能存在差异，即组串输出失配。光伏组串失配将导致光伏阵列输出$P-U$曲线出现多峰情况，造成光伏逆变器MPPT跟踪效率下降，使得光伏系统整体发电量与效率下降。通过对光伏组串一致性进行实证监测，对比光伏电站内各光伏组串一致性优劣，可评估光伏系统中由组串失配而造成的效率损

图5-18　光伏组串一致性实证测试装置

失，光伏组串一致性实证测试装置如图5-18所示。

光伏组串一致性实证测试装置对各光伏阵列内的光伏组串抽取一定容量，配置多通道光伏组串 I-U 测试仪实现对汇流单元内各光伏组串 I-U 特性在线测试和记录，其测试原理与光伏组件 I-U 在线测试装置类似，结合气象资源户外实证测试系统的同步气象参数进行分析，评估各组串的发电能力、发电效率、失配程度等特性。

系统监测参数包括光伏组串 I-U 曲线、开路电压、短路电流、最大输出功率、最大功率点电压、最大功率点电流，最大测量16通道，光伏组串一致性实证测试系统如图5-19所示。

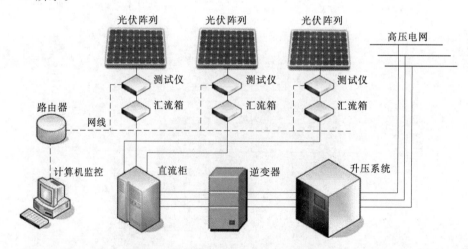

图5-19　光伏组串一致性实证测试系统

组串在线监测装置采用IP65户外型金属箱体（组串采集箱）设计，箱体内含交直流转换电源，测量数据本地存储。光伏组串一致性实证监测系统性能指标如下：

光伏组串一致性在线监测传感模块接在光伏组串之后、光伏汇流箱之前，具有过压、过流、故障时自动旁路等保护功能，监测传感模块发生故障时光伏组串可直接接入汇流箱，不影响光伏组串及系统的正常发电。

每个模块至少包含16个光伏组串测量通道，可对1个汇流箱内全部的光伏组串开展 I-U 特性的测试，并可设定时间间隔，实现模块的长时自动测量。

光伏组串一致性在线测试传感模块电压测量范围为 $0\sim1500\mathrm{V}$，精度 0.2%；电流测量范围为 $0\sim15\mathrm{A}$，精度 0.2%；单个光伏组串测试周期不大于50ms，测试时间间隔可调。

每个光伏组串一致性在线测试传感模块均配有温度测试传感器，光伏组串平均背板温度由组串内远、中、近 3 块光伏组件背板温度的均值求得，温度测量范围为 $-40\sim100℃$，精度为 $\pm0.5℃$。

每个光伏组串一致性在线测试传感模块均配有辐照度计及其安装配件，辐照度测试范围为 $0\sim2000\text{W/m}^2$，非线性误差不大于 $\pm0.2\%$；安装配件可将辐照度计与光伏组件同角度固定安装。

光伏组串一致性在线测试传感模块应具备户外工作的防护等级（IP65 以上），在 $-30\sim55℃$ 环境温度下可正常工作。

5.2.3 光伏逆变器户外实证测试系统

光伏逆变器户外实证测试系统可针对逆变器的发电量、转换效率、性能参数等进行长期户外实证监测，验证长期运行过程中逆变器性能指标是否满足相关标准要求，并进行不同逆变器间的横向性能比较。测试区对该基地内各种类型和厂家的光伏逆变器进行抽样，根据逆变器中 MPPT 模块数量，在各类型光伏逆变器直流侧加装直流计量柜，其中包含直流电能表、直流电流传感器；同时在逆变器交流侧加装交流计量柜，其中包含交流电能表、交流电流传感器。结合气象资源数据和光伏组件运行监测数据，可开展不同类型逆变器在多种不同工况下的运行性能评估，为光伏逆变器的选型和评价、标准制定提供数据支撑。

5.2.3.1 光伏逆变器户外实证测试需求

根据光伏逆变器效率实验室测试标准仅需要测试逆变器在固定功率点下 MPPT 跟踪效率以及最大效率。在逆变器现场运行过程中，受现场气候环境、阵列设计等影响，逆变器实验室效率测试评价结果不能够全面反映其在实际运行环境下的性能，光伏逆变器实验室测试与现场运行需求对比见表 5-4。

表 5-4　　　　　　　　光伏逆变器实验室测试与现场运行需求对比

逆变器现场需求	实验室测试项目	逆变器现场需求	实验室测试项目
跟踪光伏阵列最大功率点能力	静态 MPPT 效率	逆变器发电量对比	—
	动态 MPPT 效率	逆变器发电性能对比	—
逆变器效率	转换效率、综合效率	逆变器故障率	—
逆变器启停机	逆变器开启功率	逆变器应对阴影能力	—

由表 5-4 及第 3 章中针对光伏逆变器的实验室测试可以看出，仅采用实验室测试结果无法对比各类型逆变器在真实环境下的发电量、故障率及其应对阴影的能力。

根据对不同类型光伏逆变器拓扑结构分析，在进行逆变器效率户外测试时，需要考虑不同拓扑结构逆变器内 MPPT 结构以及逆变器电流传感器的选型。不同类型光伏逆变器效率测试需求见表 5-5。

表 5-5 不同类型光伏逆变器效率测试需求

逆变器类型	结 构 特 点	测 试 需 求
组串式逆变器	直流侧无外部汇流、存在多路 MPPT 模块，输入/输出电流较小	在直流侧需要对每一路 MPPT 模块进行单独测试
集散式逆变器	采用智能汇流箱，在汇流箱中具备多路 MPPT 模块，逆变环节输入/输出电流较大	效率从智能汇流箱输入至逆变器输出，在直流侧需要对每一路 MPPT 模块进行单独测试，交流侧传感器有较宽的电流测量范围
集中式逆变器	直流侧通过 1~2 次汇流进入逆变器中，在逆变器内进行 MPPT 跟踪，逆变器输入/输出电流较大	交/直流侧传感器有较宽的电流测量范围

由表 5-5 可以看出，在组串式逆变器及集散式逆变器中，其直流侧存在多路 MPPT。在现场实证测试中，为了准确反映逆变器真实运行情况，需要对逆变器内每一路 MPPT 模块输入电压、电流、功率等分别单独进行测试，再在测试上位机内部对测试的结果进行处理。

在集中式逆变器及集散式逆变器中，由于交流侧受逆变器装机容量及光伏发电受辐照的波动性影响，逆变器电流在全天有较大的波动性，其电流在工作时段变化可达上千安培。为了保证在较宽范围内逆变器电流测试的准确性，设计时应考虑电流传感器的宽量程。

5.2.3.2　光伏逆变器交直流在线测试装置

为了实现光伏逆变器效率的户外实证测试，根据光伏逆变器户外实证测试需求，开发光伏逆变器户外实证测试装置，装置主要分为直流传感器测试模块、交流传感器测试模块以及数据采集模块。

1. 直流传感器测试模块

直流传感器测试模块主要针对组串式逆变器和集散式逆变器的智能汇流箱设计，这类型设备的特点是采用多路 MPPT 进行控制，每路 MPPT 控制模块接入多串光伏组串，为了准确测试光伏逆变器直流侧电压与电流参数，需要针对逆变器每个 MPPT 控制模块进行测试。为此，专门设计一种可同时测试不同 MPPT 模块的直流测试模块，每路 MPPT 单元最多可接入多串光伏组串，直流模块的接入对光伏逆变器原始工作状态无影响。

组串式逆变器测试系统直流测试模块串接在光伏组串和组串逆变器之间。将每一路 MPPT 单元的多路直流光伏组串输出在系统内进行汇流，然后再分流输出至组串逆变器。二次侧信号输出与数据采集系统直接匹配。直流测试模块单 MPPT 单元系统拓扑图如图 5-20 所示。

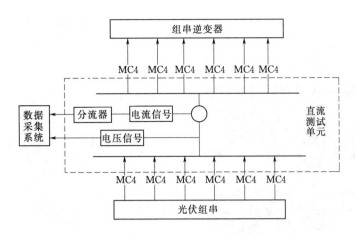

图 5-20 直流测试模块单 MPPT 单元系统拓扑图

2. 交流传感器测试模块

根据逆变器交流侧结构，在逆变器交流侧安装交流测试模块，用于测量逆变器交流侧电压、电流、功率等参数。交流测试模块一次侧安装在逆变器交流输出端，二次侧信号与数据采集系统匹配。交流测试模块单相拓扑图如图 5-21 所示。

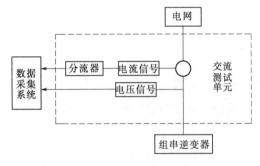

图 5-21 交流测试模块单相拓扑图

3. 数据采集模块

逆变器效率户外实证测试数据采集模块包括数据采集模块、电压采集模块、电流采集模块。

数据采集模块可实现 500M 以上存储容量，并具备扩展存储功能；电压、电流采集模块隔离电压可达 1200V，采样率每通道可达 100kHz，同时支持设备之间信号同步，精度可达 0.05%。

5.2.3.3 光伏逆变器户外实证测试系统搭建

在建设光伏逆变器户外实证测试系统时，对于被测逆变器的抽选和户外实证测试系统的设计原则如下：

（1）每种类型逆变器随机抽取两台进行监测，监测逆变器交、直流侧数据；对于集散式逆变器，还应抽测其智能汇流箱。

（2）应确保抽选的被测光伏逆变器直流侧所连接的光伏组件型号相同，阵列与逆变器的容配比尽量一致。

（3）所有被抽测光伏逆变器直流侧所连接阵列应采用相同倾角或采用相同跟踪方式。

光伏逆变器户外实证测试系统对各种类型和厂家的光伏逆变器进行抽样，根据逆变器中 MPPT 模块数量，在各类型光伏逆变器直流侧加装直流测试模块，模块中包含直流电流传感器及直流数据采集系统；同时在逆变器交流侧加装交流测试模块，模块中包含交流电流传感器及交流数据采集系统。光伏逆变器实证测试平台如图 5-22 所示，智能汇流箱和组串逆变器监测系统原理图如图 5-23 所示。

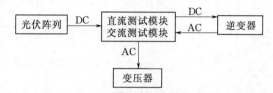

图 5-22　光伏逆变器实证测试平台　　　　图 5-23　智能汇流箱和组串逆变器监测系统原理图

在建设光伏逆变器户外实证测试系统中，需要设计光伏阵列中组件的串并联数目。光伏组件的串联数目决定了阵列的工作电压；光伏组串的并联数量决定了光伏阵列的输出电流。光伏阵列中组件的串、并联数目通常可以表示为

$$N_s = \frac{U_{array}}{U_{module}} \approx \frac{U_{in\_mpp}}{U_{module}} \tag{5-4}$$

$$N_p = \frac{P_{array}}{N_s P_{module}} \approx k_{array} \frac{P_{in}}{N_s P_{module}} \tag{5-5}$$

式中　　N_s——光伏组件串联数目；

　　　　N_p——光伏组件并联数目；

　　U_{array}——光伏阵列 STC 条件下的电压值；

　　P_{array}——光伏阵列 STC 条件下的功率值；

　U_{module}——光伏组件 STC 条件下最大功率点电压值；

　P_{module}——光伏组件 STC 条件下最大功率点功率值；

　U_{in_mpp}——光伏逆变器直流侧最佳 MPP 电压；

　　　P_{in}——光伏逆变器直流侧功率；

　k_{array}——光伏阵列和逆变器的容配比，该系数为一常数，根据工程经验进行确定。

在设计中，应保持各类光伏逆变器与光伏阵列容配比一致，便于不同类型光伏逆变器之间进行比较。

5.3　辅助服务系统

5.3.1　通信系统

光伏发电户外实证测试平台需要长期监控测试数据系统，其包括气象资源户外实证

测试数据、光伏组件户外 I-U 在线测试装置、微型逆变器运行数据、光伏逆变器户外实证数据、逆变器自身运行数据等。

气象资源户外实证测试数据采用有线通信方式，将所有监测气象数据通过 RS-485 接入光伏组件户外实证测试系统的通信柜中，转换为光纤通信模式传输至光伏电站升压站接收服务器上。

光伏组件户外实证测试系统内采集的所有数据首先接入监测系统现场的通信柜中，然后从通信柜引出光纤，接入放置在升压站内的接收服务器上，再利用电脑接入当地内网机，通过隔离装置将数据转至外网机，由外网机对数据进行转发。

光伏逆变器户外实证测试系统中所有数据采集装置均采用光纤通信，所有光纤采用星型接入场站内光伏逆变器户外实证测试通信柜中，通信柜通过光纤将数据传至升压站内的接收服务器上，再利用电脑接入当地内网机，通过隔离装置将数据转至外网机，由外网机对数据进行转发。

光伏实证监测平台通信架构如图 5-24 所示。

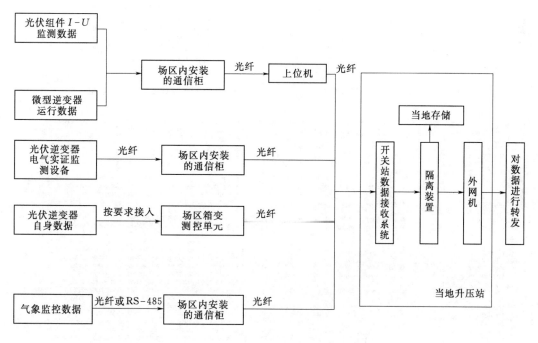

图 5-24　光伏实证监测平台通信架构

5.3.2　数据存储系统

1. 光伏组件户外实证测试系统监测数据

光伏组件户外实证测试系统监测对于每一天的测试数据都会生成一个文件夹。在每一个测试文件中，按照测试序列生成各组件测试文件。进行测试时，每次测试会生成相应测试文件，在每个文件中有相应的测试数据，光伏组件户外实证测试系统数据式样如

图 5-25 所示。

功率	电流	电压	主信息
0	0.469	0	2018/3/20 7:34
0.043	0.469	0.1	192.168.127.14:5151
0.086	0.469	0.2	1
0.129	0.469	0.3	17.633
0.172	0.469	0.4	43.6
0.215	0.469	0.5	0.469
0.258	0.469	0.6	86.23
0.301	0.469	0.7	438
0.344	0.469	0.8	37.36
0.387	0.469	0.9	0.472
0.43	0.469	1	0
0.473	0.469	1.1	0
0.559	0.469	1.2	6553.3
0.602	0.469	1.3	0
0.645	0.469	1.4	38.04
0.688	0.469	1.5	0.455
0.731	0.469	1.6	17.308
0.774	0.469	1.7	98.15
0.817	0.469	1.8	13894
0.86	0.469	1.9	
0.903	0.469	2	
0.946	0.469	2.1	
0.989	0.469	2.2	
1.075	0.469	2.3	
1.118	0.469	2.4	
1.161	0.469	2.5	
1.204	0.469	2.6	
1.247	0.469	2.7	
1.29	0.469	2.8	

时间	设备编号	累计发电量
2018/6/2 5:06	1	0
2018/6/2 5:11	1	0
2018/6/2 5:16	1	0
2018/6/2 5:21	1	0
2018/6/2 5:26	1	0
2018/6/2 5:31	1	0
2018/6/2 5:36	1	0
2018/6/2 5:41	1	0
2018/6/2 5:46	1	0
2018/6/2 5:51	1	0
2018/6/2 5:56	1	307
2018/6/2 6:01	1	782
2018/6/2 6:06	1	1506
2018/6/2 6:11	1	2429
2018/6/2 6:16	1	3553
2018/6/2 6:41	1	10205
2018/6/2 6:51	1	12968
2018/6/2 6:56	1	15893
2018/6/2 7:01	1	20043
2018/6/2 7:06	1	25264
2018/6/2 7:11	1	31680
2018/6/2 7:16	1	38952
2018/6/2 7:21	1	47284
2018/6/2 7:26	1	56863
2018/6/2 7:31	1	67575
2018/6/2 7:36	1	79407
2018/6/2 7:41	1	92487
2018/6/2 7:46	1	106681
2018/6/2 7:51	1	121970

(a) $I-U$ 曲线测试数据　　　　　　(b) 累计发电量测试数据

时间	设备编号	瞬时辐照	开路电压	短路电流	最大功率	最大功率	最大功率	填充因子	瞬时电池	STC-Voc	STC-Isc	STC-Vmppt	STC-Imppt	STC-Pmax	STC-FF
2018/6/2 5:06	1	0	0.9	0.007	0.47	0.007	0.003	52.22	13.3	-0.00154	-2.40E-05	-0.000804795	-2.40E-05	-3.504	-9.5E+07
2018/6/2 5:11	1	0	2.15	0	0	0	0	0	13.6	-0.00378	0	0	0	0	NaN
2018/6/2 5:16	1	0	4.35	0.003	0.45	0.003	0.001	10.34	13.9	-0.00785	-1.08E-05	-0.000812274	-1.08E-05	-1.108	-1.3E+07
2018/6/2 5:21	1	0	7.75	0.003	2.72	0.003	0.008	35.09	14.2	-0.01438	-1.11E-05	-0.005046382	-1.11E-05	-8.624	-5.4E+07
2018/6/2 5:26	1	0	12.54	0	0	0	0	0	14.4	-0.02371	0	0	0	0	NaN
2018/6/2 5:31	1	0	20.24	0	0	0	0	0	14.6	-0.039	0	0	0	0	NaN
2018/6/2 5:36	1	0	31.47	0.018	3.15	0.018	0.056	10	14.6	-0.06064	-6.94E-05	-0.006069364	-6.94E-05	-58.128	-1.4E+07
2018/6/2 5:41	1	0	37.34	0.043	22.7	0.043	0.976	60.79	14.6	-0.07195	-0.000165703	-0.043737958	-0.000165703	-1013.09	-8.5E+07
2018/6/2 5:46	1	0	37.76	0.054	30.06	0.054	1.623	79.6	14.8	-0.07418	-0.000212181	-0.059056974	-0.000212181	-1652.21	-1E+08
2018/6/2 5:51	1	0	37.77	0.054	28.56	0.054	1.542	75.61	15.1	-0.07646	-0.000218623	-0.057813765	-0.000218623	-1523.5	-9.1E+07
2018/6/2 5:56	1	0	0	0	0	0	0	0	15.2	0	0	0	0	0	NaN
2018/6/2 6:01	1	0	38.25	0.072	16.5	0.083	0.871	31.64	15.5	-0.0807	-0.022151899	-0.000350211	-0.000350211	-825.708	-3.4E+07
2018/6/2 6:06	1	0	38.62	0.101	33.28	0.098	3.261	83.61	15.9	-0.08507	-0.000444934	-0.073303965	-0.000431718	-2960.99	-7.8E+07
2018/6/2 6:11	1	0	38.93	0.105	34.74	0.109	3.786	92.63	15.9	-0.08575	-0.000462555	-0.076519824	-0.000480176	-3437.69	-8.7E+07
2018/6/2 6:16	1	0	39.22	0.141	33.54	0.138	4.628	83.69	15.8	-0.08545	-0.000614379	-0.073071895	-0.000601307	-4248.5	-8.7E+07
2018/6/2 6:41	1	0	40.21	0.25	34.49	0.236	8.139	80.97	15.9	-0.08857	-0.001101322	-0.075969163	-0.001039648	-7390.21	-7.6E+07
2018/6/2 6:51	1	0	40.91	0.385	35.14	0.37	13.001	82.54	15.9	-0.09011	-0.001696035	-0.075740081	-0.001629556	-11804.9	-7.7E+07
2018/6/2 6:56	1	0	41.06	0.392	35.1	0.378	13.267	82.43	15.7	-0.08849	-0.001689655	-0.075646552	-0.001626931	-12311.8	-1.2E+08
2018/6/2 7:01	1	0	41.47	0.447	35.98	0.429	15.435	83.26	14.8	-0.08147	-0.001756385	-0.071685658	-0.001685658	-15712.8	-1.5E+08
2018/6/2 7:06	1	0	42.02	0.559	36.66	0.527	19.319	82.24	14.3	-0.07869	-0.002093633	-0.068651685	-0.001973783	-20632.7	-1.3E+08
2018/6/2 7:11	1	0	42.26	0.658	36.31	0.629	22.838	82.13	14	-0.07698	-0.002307086	-0.066138434	-0.002291439	-25076.1	-1.4E+08
2018/6/2 7:16	1	0	42.4	0.727	36.98	0.69	25.516	82.77	14.2	-0.07866	-0.002697588	-0.068608534	-0.002560297	-27506.2	-1.3E+08
2018/6/2 7:21	1	0	42.64	0.829	36.65	0.796	29.173	82.53	14.6	-0.08216	-0.003194605	-0.07061657	-0.003067437	-30281.6	-1.2E+08
2018/6/2 7:26	1	0	42.83	0.972	36.9	0.894	33.337	81.76	14.7	-0.08333	-0.00370428	-0.072548638	-0.003478599	-34270.4	-1.1E+08
2018/6/2 7:31	1	0	42.88	1.043	37.07	0.992	36.773	82.22	15	-0.08593	-0.004180361	-0.074288577	-0.003975952	-36699.5	-1E+08
2018/6/2 7:36	1	0	43.1	1.141	36.52	1.105	40.354	82.23	15.6	-0.09074	-0.004814346	-0.077046414	-0.004662447	-38255.6	-6.5E+07
2018/6/2 7:41	1	0	43.08	1.272	37	1.214	44.918	81.97	16.4	-0.10042	-0.00593007	-0.086247086	-0.005659674	-38539.6	-6.5E+07
2018/6/2 7:46	1	0	43.02	1.367	36.62	1.316	48.191	81.94	17.7	-0.11819	-0.007510989	-0.100604396	-0.007230769	-35083	-4E+07

(c) 组件参数测试数据

图 5-25　光伏组件户外实证测试系统数据式样

实证监测组件参数数据规范表见表 5-6。

2. 光伏逆变器户外实证测试系统监测数据

光伏逆变器户外实证测试系统监测数据在测试过程中按日期生成一个文件夹。在每一个测试文件中，每台监测逆变器按照测试序列生成各测试文件。

表 5 - 6   实证监测组件参数数据规范表

序号	字 段 编 码	字 段 名 称
1	module - time	时间
2	module - nu	设备编号
3	module - irr	瞬时辐照度
4	module - Uoc	开路电压 U_{OC}
5	module - Isc	短路电流 I_{SC}
6	module - Umppt	最大功率点处电压 U_{mppt}
7	module - Imppt	最大功率点处电流 I_{mppt}
8	module - Pmax	最大功率 P_{max}
9	module - FF	填充因子 FF
10	module - Tback	瞬时电池板温度（背板 T）
11	STC - Uoc	标准条件下组件开路电压
12	STC - Isc	标准条件下组件短路电流
13	STC - Vmppt	标准条件下组件最大功率点电压
14	STC - Imppt	标准条件下组件最大功率点电流
15	STC - Pmax	标准条件下组件最大功率
16	STC - FF	标准条件下组件填充因子

实证监测高精度逆变器数据规范表见表 5 - 7。

表 5 - 7   实证监测高精度逆变器数据规范表

参 数		备 注
TIME		时间
λ		效率
交流侧	U _ L1	A 相电压
	U _ L2	B 相电压
	U _ L3	C 相电压
	I _ L1	A 相电流
	I _ L2	B 相电流
	I _ L3	C 相电流
	P _ L1	A 相有功功率
	P _ L2	B 相有功功率
	P _ L3	C 相有功功率
	Q _ L1	A 相无功功率
	Q _ L2	B 相无功功率
	Q _ L3	C 相无功功率
	S _ L1	A 相视在功率
	S _ L2	B 相视在功率
	S _ L3	C 相视在功率
	P	总有功功率
	Q	总无功功率
	S	总视在功率
	PF	功率因数
	F	频率

续表

参　　　数		备　　注
	U ＿ MPPT1	MPPT1 电压
直流侧 MPPT1	I ＿ MPPT1	MPPT1 电流
	P ＿ MPPT1	MPPT1 功率
	⋮	
	U ＿ MPPTn	MPPTn 电压
直流侧 MPPTn	I ＿ MPPTn	MPPTn 电流
	P ＿ MPPTn	MPPTn 功率

5.3.3　数据分析展示系统

光伏实证测试数据分析展示系统包含高性能服务器和综合数据采集、分析及报告生成软件。辅助光伏组件测试平台完成长期的数据采集与各类统计分析。可实现组件各类参数、曲线的自动处理与绘制，该平台功能如下：

（1）支持基于以太网 TCP/IP 的数据传输方式，数据帧格式可以由用户定义，并且根据需求可以灵活修改。

（2）具备 RS-232、CAN、无线传输等接口的拓展能力；须支持 3 万个测点的数据存储功能，支持二进制、tdms 和 txt 等存储文件格式，可存储时间长度不少于 10 年。

（3）具备数据在线计算、统计、信号处理和分析的功能；支持强大的数据库管理功能，包括数据存储、数据查询、数据自动统计、预定义公式计算处理、数据文件分割和合并、离线数据导入、数据库网络发布等。

（4）用户交互功能可支持组件公共测试区所有测试参数的数据收集、显示、存储和查询、分析比对、自动报告生成等功能。

光伏实证测试大数据分析软件界面如图 5-26 所示。

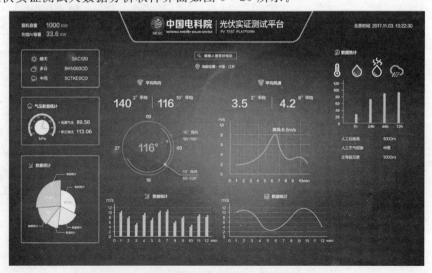

图 5-26　光伏实证测试大数据分析软件界面

5.4 运行与维护

5.4.1 气象资源户外实证测试系统的运行与维护

气象资源户外实证测试系统包括风速、风向传感器，空气温、湿度传感器，黑白板温度传感器，红外辐射传感器，太阳总辐射表，日照时数传感器，紫外辐射表，气压计，雨量筒，供电太阳能板等，并配置气象数据采集与传输装置。气象资源户外实证测试系统测试数据为光伏组件户外实证测试系统、光伏逆变器户外实证测试系统提供必要的气象数据，保障其他几个区域测试结果以及转化结果的准确性。在实证平台运行过程中，需要做好该测试系统的运维，确保光伏实证电站测试结果的准确性。

5.4.1.1 风速、风向传感器

（1）风速、风向传感器需定期检查安装是否牢固，相关螺丝、螺母是否松动，如出现松动需要进行紧固。

（2）风速、风向传感器需定期检查旋转是否顺畅，如出现旋转不顺畅情况，需要增加机油或进行维修。

（3）风速、风向传感器需每日检查上传数据是否正常且合理，如果数据出现问题或丢包，需要及时进行处理。

5.4.1.2 空气温、湿度传感器

（1）空气温、湿度传感器需定期检查安装是否牢固，温度传感器贴片是否粘牢，如出现问题，需要进行整改。

（2）空气温、湿度传感器需每日检查上传数据是否正常且合理，如果数据出现问题或丢包，需要及时进行处理。

5.4.1.3 黑白板温度传感器

（1）黑白板温度传感器需定期检查安装是否牢固，黑白板倾角是否在设计角度上，如果不在，需要进行调整。

（2）定期检查黑白板温度传感器表面是否有积尘污损，如果有，需要进行清洁，在清洁后必须确保黑白板温度传感器的角度仍然保持在设计角度上。

（3）每日检查黑白板温度传感器上传数据是否正常且合理，如果数据出现问题或丢包，需要及时进行处理。

5.4.1.4 红外辐射传感器

（1）定期检查红外辐射传感器安装是否牢固，两个红外辐射传感器倾角是否分别为

5°和最佳倾角度，如果不是，需要进行调整。

（2）定期检查红外辐射传感器接线是否牢固，如有脱落或折断，需要及时通知厂家进行修理。

（3）定期清理红外辐照传感器玻璃泡，采用柔软眼镜布轻轻擦拭，确保玻璃泡清洁无积尘。

（4）每日检查上传数据是否正常且合理，如果数据出现问题或丢包，需要及时进行处理。

5.4.1.5　太阳总辐射表

（1）定期检查太阳总辐射表安装是否牢固，安装倾角是否分别为 5°、45°、当地纬度和最佳倾角，如果不是，需要进行调整。

（2）定期检查太阳总辐射表接线是否牢固，如有脱落或折断，需要及时进行修理。

（3）定期清理太阳总辐射表玻璃泡，采用柔软眼镜布轻轻擦拭，确保玻璃泡清洁无积尘。

（4）每日检查上传数据是否正常且合理，如果数据出现问题或丢包，需要及时进行处理。

5.4.1.6　日照时数传感器

（1）定期检查日照时数传感器安装是否牢固，安装倾角是否为最佳倾角，如果不是，需要进行调整。

（2）定期检查日照时数传感器接线是否牢固，如有脱落或折断，需要及时进行修理。

（3）定期清理日照时数传感器玻璃外罩，采用柔软眼镜布轻轻擦拭，确保玻璃外罩清洁无积尘。

（4）每日检查上传数据是否正常且合理，如果数据出现问题或丢包，需要及时进行处理。

5.4.1.7　紫外辐射表

（1）定期检查紫外辐射表安装是否牢固，安装倾角是否分别为 5°和最佳倾角，如果不是，需要进行调整。

（2）定期检查紫外辐射表接线是否牢固，如有脱落或折断，需要及时进行修理。

（3）定期清理紫外辐射表玻璃泡，采用柔软眼镜布轻轻擦拭，确保玻璃泡清洁无积尘。

（4）每日检查上传数据是否正常且合理，如果数据出现问题或丢包，需要及时进行处理。

5.4.1.8 气压计

（1）定期检查气压计安装是否牢固，如果出现安装问题，需要进行调整。

（2）定期检查气压计接线是否牢固，如有脱落或折断，需要及时进行修理。

（3）每日检查上传数据是否正常且合理，如果数据出现问题或丢包，需要及时进行处理。

5.4.1.9 雨量筒

（1）定期检查雨量筒安装是否牢固，若出现松动，需要进行加固。

（2）定期检查雨量筒接线是否牢固，如有脱落或折断，需要及时进行修理。

（3）定期清理雨量筒内部网格积尘，若遇大雪，在大雪前用木板或塑料板将雨量筒盖住，在大雪后需要清理雨量筒内部积雪。

（4）每日检查上传数据是否正常且合理，如果数据出现问题或丢包，需要及时进行处理。

5.4.1.10 供电太阳能板

（1）定期检查供电太阳能板安装是否牢固，若出现松动，需要进行加固。

（2）定期清理供电太阳能板表面积尘。

（3）若遇大雪天气，需要及时清理供电太阳能板表面积雪。

5.4.2 光伏组件户外实证测试系统的运行与维护

光伏组件户外实证测试系统配置不同倾角光伏组件支架，可针对光伏组件 I-U 特性、发电特性、性能衰减等进行长期户外测试。光伏组件实证测试区配置 I-U 在线测试仪、微型逆变器，实现光伏组件在正常发电状态的长期在线监测。

5.4.2.1 光伏组件支架

（1）定期检查光伏组件支架螺栓等是否有松动，支架是否有裂纹，若支架螺栓出现松动，需将其进行紧固。

（2）定期检查光伏组件支架角度是否符合设计要求（5°、45°以及两种倾角可调），若出现角度问题，需要及时调整。

（3）定期检查支架焊缝和支架连接是否牢固可靠，表面的防腐涂层是否出现开裂和脱落现象，若出现以上情况，需及时进行整改。

5.4.2.2 被测光伏组件

被测光伏组件运维巡检要求见表5-8。

表 5 - 8　　　　　　　　　　　　　　被测光伏组件运维巡检要求

运 维 巡 检 内 容	运 维 巡 检 标 准
光伏组件是否存在玻璃破碎、背板灼焦、颜色明显变化	光伏组件不存在玻璃破碎、背板灼焦、颜色明显变化
光伏组件是否存在与组件边缘或任何电路之间形成连通通道的气泡	光伏组件不存在与组件边缘或任何电路之间形成连通通道的气泡
光伏组件是否存在接线盒变形、扭曲、开裂或烧毁、接线端子没有良好连接现象	光伏组件不存在接线盒变形、扭曲、开裂或烧毁现象，接线端子良好连接
光伏组件表面是否有鸟粪、灰尘	光伏电站配备可伸缩铲，对光伏组件表面的鸟粪应及时铲掉，无明显的灰尘
园区内是否有杂草、泥沙遮挡组件	光伏电站配备镰刀、铁锹，巡检发现类似问题及时处理

5.4.2.3　光伏组件 I - U 曲线在线测试装置

（1）定期检查光伏组件 I - U 曲线在线测试装置与组件、微型逆变器接口及线缆是否完好无脱落，若出现脱落需及时安装。

（2）每日检查上传数据是否正常且合理，如果数据出现问题或丢包，需要及时进行处理。

（3）每日检查上传数据是否有相同时间气象数据与之对应，如果出现时间不对应，需及时进行处理。

5.4.2.4　微型逆变器

（1）定期检查微型逆变器与组件、光伏组件 I - U 曲线在线测试仪接口及线缆是否完好无脱落，若出现脱落需及时安装。

（2）每日检查上传数据是否正常且合理，如果数据出现问题或丢包，需要及时进行处理。

（3）每日检查上传数据是否有相同时间气象数据与之对应，如果出现时间不对应，需及时进行处理。

5.4.3　光伏逆变器户外实证测试系统的运行与维护

光伏逆变器户外实证测试系统包含多种类型光伏阵列、光伏逆变器及光伏逆变器户外实证测试装置，该区域建议运维方案如下：

5.4.3.1　光伏阵列

光伏阵列运维巡检要求与光伏组件户外实证测试系统相同。

5.4.3.2　光伏逆变器

（1）定期检查逆变器通风滤网的积灰程度，若积尘较多需要进行清洁。

（2）每日检查集散式逆变器直流柜内各表计是否正常、断路器是否脱扣，接线有无松动发热及变色现象。

（3）每日检查逆变器通风状况和温度检测装置是否正常、逆变器有无过热现象存在；逆变器引线及接线端子有无松动，输入输出接线端子有无破损和变色的痕迹；逆变器各部连接是否良好；逆变器接地是否良好。

（4）每日检查逆变器各项运行参数设置是否正确；逆变器运行指示灯显示及声音是否正常；检查逆变器防雷器是否动作（正常为绿）；检查逆变器运行状态下参数是否正常（三相电压、电流是否平衡）。

（5）定期检查逆变器防火封堵是否合格、防鼠板是否安装到位。

（6）定期检查集散式光伏逆变器汇流箱和组串式光伏逆变器直流端接线是否牢固。

（7）定期检查汇流箱内部是否有积尘、积水以及潜在安全隐患，定期检查汇流箱接线是否完好。

（8）每日检查上传数据是否正常且合理，如果数据出现问题或丢包，需要及时进行处理。

（9）每日检查上传数据是否有相同时间气象数据与之对应，如果出现时间不对应，需及时进行处理。

5.4.3.3　光伏逆变器户外实证测试装置

（1）定期检查光伏逆变器户外实证测试装置与组串、汇流箱及逆变器接口是否脱漏，线缆是否完好。

（2）定期检查光伏逆变器户外实证测试装置内部开关电源是否可以正常工作。

（3）每日检查上传数据是否正常且合理，如果数据出现问题或丢包，需要及时进行处理。

（4）每日检查上传数据是否有相同时间气象数据与之对应，如果出现时间不对应，需及时进行处理。

参 考 文 献

[1]　蒋华庆，贺广零，兰云鹏．光伏电站设计技术［M］．北京：中国电力出版社，2014．

[2]　Gilbert M. Masters．高效可再生分布式发电系统［M］．北京：机械工业出版社，2010．

[3]　曹晓宁，兰云鹏，邱河梅．光伏电站组件清洗方案的经济性分析［J］．节能与环保，2013（6）：58-60．

[4]　檀庭方，李靖霞，吴世伟，等．基于"互联网＋"的智能光伏电站集中运维系统设计与研究［J］．太阳能，2017（9）：23-28．

[5]　杜萌．光伏电站运维过程中清洁技术的经济性分析［J］．中国电力教育，2014（12）：195-196．

[6]　张筱文，郑建勇．光伏电站监控系统的设计［J］．电工电气，2010，9：12-16．

[7]　King D L, Quintana M A, Kratochvil J A, et al. Photovoltaic module performance and durability

following long‐term field exposure [J]. Progress in Photovoltaics：Research and Applications，2000，8 (2)：241‐256.

[8]　Jordan D C，Kurtz S R. Photovoltaic degradation rates—an analytical review [J]. Progress in photovoltaics：Research and Applications，2013，21 (1)：12‐29.

第6章 光伏发电实证数据分析方法

光伏发电户外实证测试针对实证电站内部各个关键部件进行长期监测，获取运行大数据进行综合分析。由于户外环境条件多变，通信距离遥远，数据维度众多，对从实证电站获取的监测数据需要处理后进行分析。实证数据预处理主要包括缺失值处理、异常值处理和时间戳对齐；实证数据转换方法包括 $I-U$ 曲线修正，不同类型数据特征缩放；实证数据挖掘方法主要包括分类分析、聚类分析、回归分析和关联分析。

6.1 实证数据预处理方法

海量的原始测试数据中存在不完整、不一致、有异常的数据，严重影响到数据挖掘建模的执行效率，甚至可能导致挖掘结果的偏差，因此进行数据清洗就显得尤为重要，数据清洗完成后接着进行数据集成、变换、规约等一系列的处理，该过程就是数据预处理。

数据预处理一方面是要提高数据的质量；另一方面是要让数据更好地适应特定的挖掘算法或工具。数据预处理的主要内容包括数据清洗、数据集成、数据变换和数据规约。

数据清理是删除、更正数据库中错误、不完整、格式有误或多余的数据；数据集成是将数据由多个数据源合并成一致的数据存储，进行综合分析；数据变换是把不同类型数据进行标准化处理；数据归约是通过如聚集、删除冗余特征或聚类来降低数据的规模。

6.1.1 缺失值处理

6.1.1.1 缺失值处理方法

在数据分析研究中，缺失值是个非常普遍的现象，凡是涉及数据收集的情景均存在缺失值现象。缺失的数据可能会产生有偏估计，从而使样本数据不能很好地代表总体，而现实中绝大部分数据都包含缺失值，因此如何处理缺失值很重要。

缺失值机制并非是造成缺失值的原因，而是描述缺失值与观测变量间可能的关系。缺失值机制分为随机缺失（missing at random，MAR）、完全随机缺失（missing completely at random，MCAR）和非随机缺失（missing at non-random，MANR）三类。将数据集中不含缺失值的变量或属性称为完全变量，数据集中含有缺失值的变量称为不完全变量，以此来解释三种不同的数据缺失机制，缺失值机制见表 6-1。

表 6-1　　　　　　　　　　　缺 失 值 机 制

缺失类别	说　明	缺失类别	说　明
MAR	数据的缺失仅仅依赖于完全变量	MANR	不完全变量中数据的缺失依赖于不完全变量本身，这种缺失是不可忽略的
MCAR	数据的缺失与不完全变量以及完全变量都无关		

从缺失值的属性上讲，如果所有的缺失值都是同一属性，那么这种缺失称为单值缺失，如果缺失值属于不同的属性，称为任意缺失。另外对于时间序列类的数据，可能存在随着时间的缺失，这种缺失称为单调缺失。

缺失值的处理首先需对缺失数据进行识别。大部分数据处理工具中缺失值通常以NA 表示，在数据处理工具中提供了 4 种常用的缺失值处理方法，分别为删除法、填补法、替换法、插值法。

删除法是最简单的缺失值处理方法，根据数据处理的不同角度可分为删除观测样本、删除变量两种。移除所有含有缺失数据的记录，属于以减少样本量来换取信息完整性的方法，适用于缺失值所占比例较小的情况。删除法虽然简单易行，但会存在信息浪费的问题且数据结构会发生变动，以致最后得到有偏差的统计结果，替换法也有类似的问题。为解决删除法带来的信息浪费及数据结构变动等问题，常使用填补法、插值法来对缺失数据进行修复。

数据缺失值处理流程图如图 6-1 所示，可根据缺失值的类别选择缺失值的填充方法。

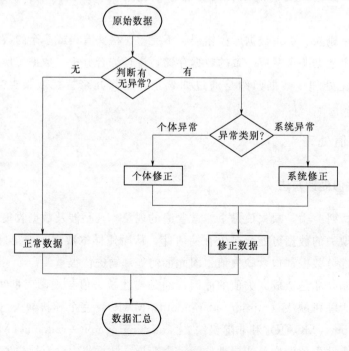

图 6-1　数据缺失值处理流程图

数据挖掘中常用以下几种填充方法。

1. 人工填充法

由于用户本身最了解数据，因此人工填充法可能产生的数据偏离最小。然而该方法较为费时，当数据规模很大、空值很多时，该方法不具备可行性。

2. 特殊值填充法

将空值作为一种特殊的属性值来处理，它不同于其他的任何属性值。如所有的空值都用 NA 填充。这种方法可能导致严重的数据偏离，一般不推荐使用。数据读取工具一般将缺失值默认作为特殊值进行填充。

3. 平均值填充法

将数据表中的属性分为数值属性和非数值属性来分别进行处理。如果空值是数值型的，就根据该属性在其他所有对象取值的平均值来填充该缺失的属性值；如果空值是非数值型的，就根据统计学中的众数原理，用该属性在其他所有对象的取值次数最多的值来补齐该缺失的属性值。

4. 热卡填充法

对于一个包含空值的对象，热卡填充法在完整数据中找到一个与它最相似的对象，然后用这个相似对象的值来进行填充。不同的问题可能会选用不同的标准来对相似进行判定。该方法概念上很简单，且利用了数据间的关系进行空值估计。这个方法的缺点在于难以定义相似标准，主观因素较多。

5. K 最近邻法

先根据欧式距离或相关分析来确定距离缺失数据样本最近的 K 个样本点，将这 K 个值加权平均来估计该样本的缺失数据。

同均值插补的方法都属于单值插补，不同的是，它用层次聚类模型预测缺失变量的类型，再以该类型的均值插补。假设 $X = （X_1，X_2，\cdots，X_p）$ 为信息完全的变量，Y 为存在缺失值的变量，那么首先对 X 或其子集进行聚类，然后按缺失个案所属类来插补不同类的均值。

6. 组合完整化方法

一种方法是用空缺属性值的所有可能属性取值来试，并从最终属性的约简结果中选择最好的一个作为填补的属性值。但是，当数据量很大或者遗漏的属性值较多时，其计算的代价很大。另一种条件组合完整化方法，其填补遗漏属性值的原则相同，不同的是从决策相同对象中尝试所有属性值的可能情况，而不是根据信息表中所有对象进行尝试。条件组合完整化方法能够在一定程度上减小组合完整化方法的代价。

7. 回归法

回归法是基于完整的数据集，建立回归方程和模型。对于包含空值的对象，将已知属性值代入方程来估计未知属性值，以此估计值来进行填充。当变量不是线性相关或预测变量高度相关时会导致有偏差的估计。

8. 最大期望法

在缺失类型为随机缺失的条件下，假设模型对于完整的样本是正确的，那么通过观测数据的边际分布可以对未知参数进行极大似然估计。这种方法也被称为忽略缺失值的极大似然估计，对于极大似然的参数估计实际中常采用的计算方法是最大期望法。该方法的重要前提是适用于大样本。有效样本的数量足够以保证估计值是渐近无偏并服从正态分布的。

9. 多重填补法

多值插补的思想来源于贝叶斯估计，认为待插补的值是随机的，它的值来自于已观测到的值。具体实践上通常是估计出待插补的值，然后再加上不同的噪声，形成多组可选插补值。根据某种选择依据，选取最合适的插补值。

6.1.1.2　缺失值处理案例

以光伏组件实证测试得到的 I-U 数据为例介绍缺失值的处理方法。光伏组件 I-U 数据是由在线 I-U 曲线测试装置测量得到的数据点，根据 I-U 曲线可以提取出测试时刻的最大功率跟踪点，得到该时刻的组件最大输出功率。由于数据存储、通信、仪器等原因，存在某组件特定时刻 I-U 曲线无法采集，或数据点采集不完整的情况，此时则无法获取该时刻的最大输出功率。组件最大输出功率见表 6-2。

表 6-2　　　　　　　　　　　组 件 最 大 输 出 功 率

时间戳 （年-月-日 时：分）	$P_{\max}/\mathrm{W}$		
	1 号光伏组件	2 号光伏组件	3 号光伏组件
2017-5-22 11：20	297.071	289.027	283.867
2017-5-22 11：30	300.144	293.853	289.079
2017-5-22 11：40	297.098	290.560	285.355
2017-5-22 11：50	305.704	298.632	293.470
2017-5-22 12：00	306.504	—	294.345
2017-5-22 12：10	302.863	295.191	290.307
2017-5-22 12：20	306.169	298.826	294.156
2017-5-22 12：30	303.339	295.571	290.629
2017-5-22 12：40	300.420	292.614	288.048
2017-5-22 12：50	298.477	291.436	286.827

从表 6-2 中可以看出，在 1～3 号光伏组件数据中，2 号光伏组件存在部分数据缺失，其 2017 年 5 月 22 日 12：00 的 I-U 曲线数据缺失，无法提取该时刻的 P_{max}。通过对比可知该时刻为当天的最大功率点，对于当日功率比较非常有意义，故需要比较精确地推算出该时刻的 P_{max} 数值。

由于 2 号光伏组件的位置与 1 号光伏组件和 3 号光伏组件相邻，故采用回归的方法来获取 2 号光伏组件在 2017 年 5 月 22 日 12：00 的 P_{max} 数值。设该缺失点的数值为 x，选取 1 号和 2 号光伏组件 10 个点分别看成向量 $\boldsymbol{A} = (297.071, \cdots, 306.504, \cdots, 298.477)$，$\boldsymbol{B} = (289.027, \cdots, x, \cdots, 291.436)$。

在机器学习算法中，有各种方式衡量个体间的距离和相似度，如曼哈顿距离、欧几里得距离、Pearson 相关系数、Jaccard 系数等。这里使用余弦相似度 $\cos(\theta)$ 作为目标函数，相似度越接近 1，说明数据填充效果越好，其定义为

$$\cos(\theta) = \frac{\boldsymbol{A} \cdot \boldsymbol{B}}{\|\boldsymbol{A}\| \|\boldsymbol{B}\|} = \frac{\sum\limits_{i=1}^{n} A_i B_i}{\sqrt{\sum\limits_{i=1}^{n} A_i^2 \sum\limits_{i=1}^{n} B_i^2}} \qquad (6-1)$$

此处回归的目标是取到特定的 x 值，使得目标函数余弦相似度最接近于 1。计算得到 $x = 299.29$。将该值填补到 2 号光伏组件 2017 年 5 月 22 日 12：00 时刻的数据中，即完成了光伏组件数据缺失值处理。

6.1.2 异常值处理

在将原数据录入数据分析软件时，若在某行某变量数据错误，将导致数据无法录入软件。此时，为了数据的完整性，需要检查数据出现错误的原因。用判断域值的方法修正，若不能修正，则直接删除。接着对数据做描述性统计分析和频数分析，通过描述性统计分析和频数分析，了解数据的最大值、最小值、均值和分位数情况，并通过分析结果来判断数据是否异常。

6.1.2.1 异常值检测方法

在异常值处理之前需要对异常值进行识别，一般多采用单变量散点图或是箱线图来达到目的。可在对应数据分析软件中绘制单变量散点图与箱线图，远离正常值范围的点即视为异常值。异常值产生的最常见原因是输入错误。

常用的处理异常值的方法有简单统计量分析、3σ 原则和箱线图分析三种。

1. 简单统计量分析

可以先对变量做一个描述性统计，进而查看哪些数据是不合理的。最常用的统计量是最大值和最小值，用来判断这个变量的取值是否超过了合理的范围。如环境温度高于该地区历史最高温度，或环境温度低于该地区历史最低温度，辐照度高于 1500W/m²，

则该变量的取值存在异常。

2. 3σ 原则

如果数据服从正态分布，在 3σ 原则下，异常值被定义为一组测定值中与平均值的偏差超过 3 倍标准差的值。正态分布下，和平均值偏离一个标准差以内的数据会占到 68.27%，偏离两个标准差以内的数据会占到 95.45%，偏离三个标准差以内的数据会占到 99.73%。正态分布标准差范围如图 6-2 所示。

如果数据不服从正态分布，也可以用远离平均值的多少倍标准差来描述。将偏离均值三个标准差以上的点记为异常值，3σ 异常值检测如图 6-3 所示。

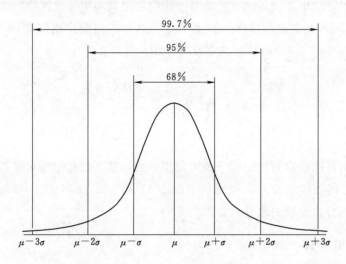

图 6-2　正态分布标准差范围

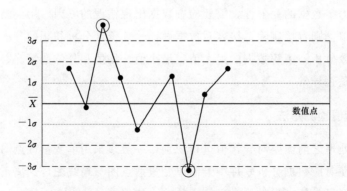

图 6-3　3σ 异常值检测

3. 箱形图分析

箱形图提供了识别异常值的一个标准，箱形图异常值检测如图 6-4 所示。异常值通常被定义为小于 $Q1-1.5IQR$ 或大于 $Q3+1.5IQR$ 的值。$Q1$ 称为下四分位数，表示全部观察值中有1/4的数据取值比它小；$Q3$ 称为上四分位数，表示全部观察值中有 1/4

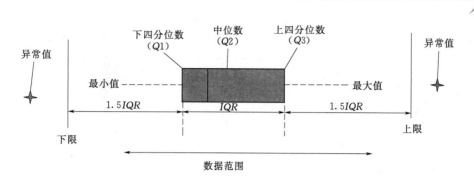

图 6-4　箱形图异常值检测

的数据取值比它大；IQR 称为四分位数间距，是上四分位数与下四分位数之差，其间距包含了全部观察值的一半。箱形图依据实际数据绘制，没有对数据作任何限制性要求，如服从某种特定的分布形式，它只是真实直观地表现数据分布的本来面貌。

6.1.2.2　异常值处理方法

在数据预处理时，异常值是否剔除需视具体情况而定，因为有些异常值可能包含有用的信息，异常值的常用处理方法见表 6-3。

表 6-3　　　　　　　　　　　　异常值的常用处理方法

异常值处理方法	方法描述
删除含有异常值的记录	直接将含有异常值的记录整条删除
视为缺失值	将异常值视为缺失值，按缺失值处理方法进行处理
平均值修正	可用前后两个观测值的平均值修正
不处理	直接在含有异常值的数据集上进行挖掘建模

将含有异常值的记录直接删除这种方法简单易行，但缺点也很明显，在观测值很少的情况下，这种删除会造成样本量不足，可能会改变变量的原有分布，从而造成分析结果的不准确。视为缺失值处理的好处是可以利用现有变量的信息，对异常值进行填补。

很多情况下，要先分析异常值出现的可能原因，再判断异常值是否应该舍弃，如果是正确的数据，可以直接在具有异常值的数据集上进行挖掘建模。

6.1.2.3　异常值处理案例

以光伏组件实证测试得到的气象数据为例介绍缺失值处理方法。气象数据是由温湿度传感器、风速风向传感器、辐照度传感器等测量得到的数据点。由于数据存储、通信、仪器等原因，存在特定时刻气象数据读取有误。气象实测数据见表 6-4。

不同类型的数据使用不同的异常值检测方法标定异常值。环境温度和风速数据不会在短时间内出现较大变化，可用简单统计方法和 3σ 方法检测异常值。辐照度数据可能由于云层遮挡产生较大变化，可用箱形图方法检测异常值。

表 6 - 4　　　　　　　　　　气 象 实 测 数 据

时间戳（年-月-日 时：分）	环境温度/℃	风速/(m·s⁻¹)	辐照度/(W·m⁻²)
2017 - 7 - 7 10：10	25.43	4.83	842
2017 - 7 - 7 10：11	25.32	6.51	843
2017 - 7 - 7 10：12	−79.52 (25.34)	4.65	849
2017 - 7 - 7 10：13	−79.52 (25.36)	5.07	852
2017 - 7 - 7 10：14	25.38	4.53	853
2017 - 7 - 7 10：15	25.26	3.31	855
2017 - 7 - 7 10：16	25.33	6.51	859
2017 - 7 - 7 10：17	25.43	5.53	863
2017 - 7 - 7 10：18	25.43	6.57	866
2017 - 7 - 7 10：19	25.26	3.79	869

从表 6 - 4 中可以看出，2017 年 7 月 7 日 10：12 和 2017 年 7 月 7 日 10：13 的环境温度数据不是空值（NA），但明显存在异常。检测出异常后按照缺失值进行插值填补，填补结果如括号中所示。此后，得到的气象环境数据可以进一步结合组件数据进行联合分析。

6.1.3　时间戳对齐

户外实证测试区主要包括气象测试区、光伏组件测试区和逆变器测试区，由于不同测试区采用的测量设备和数据采集系统不一致，故获取的数据在时间戳上会有超前或滞后。例如，获取的气象测试区、光伏组件测试区和逆变器实测数据见表 6 - 5。

表 6 - 5　　　　　气象测试区、光伏组件测试区和逆变器实测数据

气象数据		光伏组件数据		逆变器数据	
时间戳 （年-月-日 时：分）	辐照度 /(W·m⁻²)	时间戳 （年-月-日 时：分）	P_{max} /W	时间戳 （年-月-日 时：分）	DC 功率 /kW
2017 - 6 - 21 12：45	939	2017 - 6 - 21 12：44	245.812	2017 - 6 - 21 12：46	35.19
2017 - 6 - 21 12：50	987	2017 - 6 - 21 12：49	259.223	2017 - 6 - 21 12：51	36.88
2017 - 6 - 21 12：55	988*	2017 - 6 - 21 12：54	267.494*	2017 - 6 - 21 12：56	37.93*
2017 - 6 - 21 13：00	970	2017 - 6 - 21 12：59	256.707	2017 - 6 - 21 13：01	36.79
2017 - 6 - 21 13：05	971	2017 - 6 - 21 13：04	254.875	2017 - 6 - 21 13：06	36.33

*　当前列最大值。

可以看出，以气象数据时间戳为基准，组件数据中最大功率点的时间戳超前气象辐照度 1min。逆变器输入 DC 功率的最大值落后气象辐照度 1min。

由于气象数据为 7×24h 采集，分辨率为 1min，最为精细，故以气象数据的时间戳为基准，根据组件数据和逆变器数据的超前滞后时间，按天进行时间戳对齐，时间戳对齐流程图如图 6 - 5 所示。

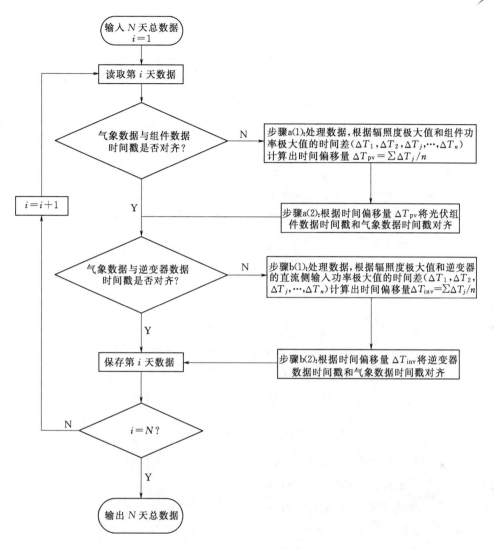

图 6-5 时间戳对齐流程图

6.2 实证数据转换方法

户外实证测试数据维度众多，主要包括气象数据、组件数据和逆变器数据。其中 I-U 曲线在不同的辐照和温度条件下测量得到，需要使用《光伏器件测定 I-U 特性的温度和辐照度校正方法使用规程（photovoltaic devices-procedures for temperature and irradiance corrections to measure I-U characteristics)》（IEC 60891：2009）中的修正方法修正得到 STC 下的 I-U 曲线，进而得到 STC 下的最大输出功率。此外，在进行不同类型数据的联合分析时需要使用数据特征缩放方法，从而更方便地进行数据挖掘。

6.2.1　I-U 曲线修正

IEC 60891 规定了光伏器件 I-U 测试曲线的温度和辐照度修正方法，并且给定了相关修正参数的计算公式。其中，I-U 曲线的测试方法由 IEC 60904-1 给出。本节给出了 IEC 60891 中三种非 STC 下的 I-U 测试曲线到 STC 条件下的转换方法。

6.2.1.1　转换方法一

使用转换方法一所需的测试条件如下：

（1）整体辐照度至少高于欲求辐照度范围的上限，且测试时辐照度变化应在所求辐照度的 $\pm30\%$ 范围内。若欲求 STC 条件下（此时辐照度为 $1000\mathrm{W/m^2}$）的 I-U 曲线，测试时的辐照度应满足 $700\mathrm{W/m^2}\leqslant G\leqslant1300\mathrm{W/m^2}$。

（2）短时扰动（云层、雾霾或烟尘）引起的辐照度变化小于基准装置所测得的全辐照度范围的 $\pm2\%$。

（3）风速小于 $2\mathrm{m/s}$。

（4）为减小光谱条件变化带来的测量误差，所有自然光照条件下的测量工作应该在同一天内的几个小时内快速完成。如果不能，则要额外对光谱条件进行校正。

记测量到的光伏组件的输出电压值为 U_1，输出电流值为 I_1，欲校准到的工作条件（STC 条件或其他任意测试条件）下的输出电压值和电流值分别为 U_2 和 I_2，则有

$$I_2=I_1+I_{\mathrm{sc}}\left(\frac{G_2}{G_1}-1\right)+\alpha(T_2-T_1) \tag{6-2}$$

$$U_2=U_1-R_{\mathrm{s}}(I_2-I_1)-\kappa I_2(T_2-T_1)+\beta(T_2-T_1) \tag{6-3}$$

式中　G_1——测量得到的辐照度大小；

　　　G_2——欲求 STC 或其他测试条件下的辐照度大小；

　　　T_1——被测光伏组件的温度；

　　　T_2——欲求 STC 或其他任意测试条件下的被测光伏组件的温度；

　　　I_{sc}——在 G_1 和 T_1 条件下测得的短路电流大小；

　　　α、β——欲求测试条件下的电流温度系数和电压温度系数；

　　　R_{s}——被测光伏组件内部串联阻抗；

　　　κ——曲线校准系数。

式（6-2）仅适用于求取测量过程中辐照度恒定不变条件下的 I-U 特性，对于脉冲太阳模拟器这种带衰减辐照或其他任何带波动辐照的 I-U 测量数据，式（6-2）均不适用。所有测量到的数据均应按照式（6-4）等效为某个固定辐照度下的输出电流值和输出电压值，从而绘制出该辐照度下的 I-U 曲线。

$$I_2=I_1+\frac{G_1'}{G_{\mathrm{sc}}}I_{\mathrm{sc}}\left(\frac{G_2}{G_1'}-1\right)+\alpha(T_2-T_1) \tag{6-4}$$

式中　G_{sc}——测量 I_{sc} 时的辐照值；

G_1'——I-U 曲线上独立数据点测试时的辐照值。

进行转换系数提取时，要求取温度系数 α 和 β，具体的测量与计算过程如下：

（1）若被测光伏组件和标准光伏组件带有温度控制功能，将温度设定到所需值。

（2）若被测光伏组件和标准光伏组件没有温度控制功能，将它们遮阳避风直至其工作温度与环境温度相差不超过 ± 2℃。

（3）记录被测光伏组件的 I-U 特性曲线、温度及其同步的短路电流值，标准光伏组件的工作温度。如有必要，被测组件和标准光伏组件移出遮蔽处后就开始测量工作。记录 I_{SC}、U_{OC} 和 P_{max} 的值。

（4）通过调整设备的温度控制器或交替地暴露和遮蔽被测光伏组件，使被测光伏组件达到并保持所需的温度。

（5）在整个测量过程中，确保测试设备和标准光伏组件的温度稳定并维持在 ± 2℃的波动范围，用标准光伏组件测量到的辐照度也应保持恒定，波动范围不超过 ± 1%。

（6）如有必要，将数据转换到所求温度系数所在的辐照度水平。该变换只有在 IEC 60904-10 定义的光伏组件线性辐照区范围内才可进行。

（7）重复步骤（4）到步骤（6），光伏组件温度变化范围至少为 30℃，并且可近似划分为 4 个近似相等的增量等级。

测量后的计算步骤如下：

（1）画出 I_{SC}、U_{OC} 和 P_{max} 关于组件温度的函数图，构造一个包含每一组数据的最小二乘拟合曲线。

（2）根据最小二乘法的斜面，绘制电流、电压和 P_{max} 的直线，计算 α、β 和 δ 的值。

（3）得到温度系数 α 和 β 后，继续求取内部串联阻抗 R_S。记录恒定温度下三个以上不同辐照时的组件 I-U 特性，同时确定同步的精确辐照度大小，线性装置可以按 G_N = $I_{SC,N}/I_{SC1}G_1$ 进行计算。测量时基准装置的温度应保持稳定，变化不超过 ± 2℃。画出 I-U 曲线图，具体如下：

假定 I_{SC1} 是最高辐照度 G_1 对应的 I-U 曲线上的短路电流，使用 R_S = 0Ω 转换其他 $N-1$ 条较低辐照度下的 I-U 特性到 G_1 这一辐照等级。测得恒定温度下不同辐照度的光伏组件 I-U 特性如图 6-6 所示。

画出用 R_S = 0 校正后的 I-U 曲线图，用 R_S = 0 校正后的光伏组件 I-U 特性如图 6-7 所示。

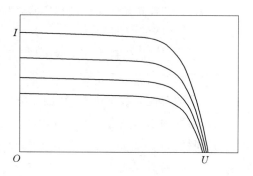

图 6-6 测得恒定温度下不同辐照度的光伏组件 I-U 特性

以 10mΩ 的步长正向或负向改变 R_S 的值。当逐渐移位的 I-U 曲线最大输出功率与辐照度 G_1 时的最大输出功率偏差小于 ± 0.5% 时，此时的 R_S 值即为适合的 R_S 校正值，用优化的 R_S 校正后的光伏组件 I-U 特性如图 6-8 所示。

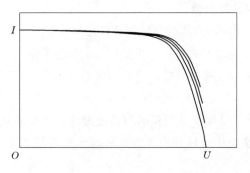

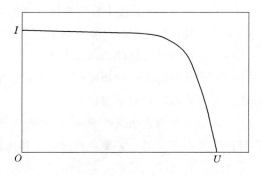

图 6-7 用 $R_\mathrm{s}=0$ 校正后的光伏组件 $I-U$ 特性   图 6-8 用优化的 R_s 校正后的光伏组件 $I-U$ 特性

6.2.1.2 转换方法二

转换方法二建立在光伏组件的单个二极管模型基础之上。模型经验公式包含 5 个 $I-U$ 特性校正参数,可以由在不同温度和辐照度条件下测得的 $I-U$ 曲线求得。该转换过程可以表示为

$$I_2 = I_1[1 + \alpha_\mathrm{rel}(T_2 - T_1)]\frac{G_2}{G_1} \tag{6-5}$$

$$U_2 = U_1 + U_\mathrm{OC1}\left[\beta_\mathrm{rel}(T_2 - T_1) + \alpha\ln\left(\frac{G_2}{G_1}\right)\right] - R'_\mathrm{S}(I_2 - I_1) - \kappa'I_2(T_2 - T_1) \tag{6-6}$$

式中 U_OC1 ——当前测试条件下测得的开路电压;

α_rel、β_rel ——被测组件在 $1000\mathrm{W/m^2}$ 辐照度下的相对电流温度系数和相对电压温度系数,其大小和 STC 的短路电流和开路电压大小有关;

α ——开路电压的辐照度校准系数,和 PN 结的二极管热电压 U_D 和光伏组件中电池片串联个数 n_s 有关,其典型值大小为 0.06;

R'_S ——被测光伏组件内部串联阻抗,注意这里的 R'_S 可能和转换方法一中的 R'_S 大小不同;

κ' ——光伏组件内部串联阻抗的温度系数。

求取转换系数有以下步骤:

(1)求取温度系数 α 和 β。转换方法二求取温度系数的具体步骤同转换方法一。

(2)求取内部串联电阻 R'_S,具体如下:

1)同样假定 I_SC1 是最高辐照度 G_1 对应的 $I-U$ 曲线上的短路电流,利用式(6-5)和式(6-6)转换其他 $N-1$ 条较低辐照度下的 $I-U$ 特性到 G_1 这一辐照等级,这里使用 $R'_\mathrm{S}=0\Omega$,$\alpha=0$。测得恒定温度下不同辐射度的光伏组件 $I-U$ 特性如图 6-9 所示。

2)画出校正过的 $I-U$ 曲线图。用 $R'_\mathrm{S}=0$ 和 $\alpha=0$ 校正后的光伏组件 $I-U$ 特性如图 6-10 所示。

3)保持 $R'_\mathrm{S}=0\Omega$ 并以 0.001 的步长增大式(6-5)中参数 α 的值。当逐渐移位的

$I-U$ 曲线的开路电压与辐照度 G_1 的开路电压偏差小于 $\pm0.5\%$ 时，此时的 α 值即为适合的 α 校正值。用 $R'_s=0$ 和优化的 α 校正后的光伏组件 $I-U$ 特性如图 6-11 所示。

4）固定 α 的值为步骤 3）中得到的优化校正值。用 $n_s/n_p \times 10m\Omega$ 作为内部串联阻抗 R'_s 的估计值，这里 n_s 是光伏组件中串联电池片数目，n_p 是并联电池片数目。

5）以 $10m\Omega$ 的步长正向或负向改变 R'_s 的值。当逐渐移位的 $I-U$ 曲线的最大输出功率与辐照度 G_1 的最大输出功率偏差小于 $\pm0.5\%$ 时，此时的 R'_s 值即为适合的 R'_s 校正值。用优化的 R'_s 和优化的 α 校正后的光伏组件 $I-U$ 特性如图 6-12 所示。

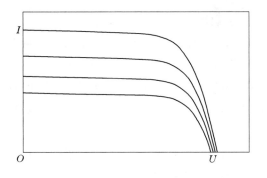

图 6-9 测得恒定温度下不同辐照度的光伏组件 $I-U$ 特性

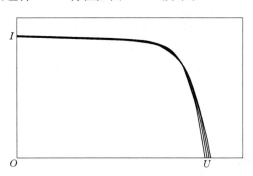

图 6-10 用 $R'_s=0$ 和 $\alpha=0$ 校正后的光伏组件 $I-U$ 特性

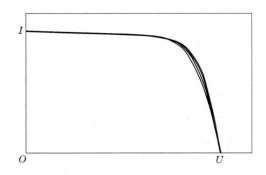

图 6-11 用 $R'_s=0$ 和优化的 α 校正后的光伏组件 $I-U$ 特性

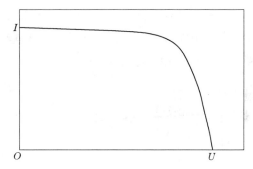

图 6-12 用优化的 R'_s 和优化的 α 校正后的光伏组件 $I-U$ 特性

6.2.1.3 转换方法三

数据转换方法三是基于两组已测得的 $I-U$ 特性的线性插值法。它使用两个 $I-U$ 特性曲线的最小值，并且不需要校正参数或拟合参数。在该种方法中，应使用式（2-36）和式（2-37）将测得的 $I-U$ 参数转换为标准测试条件下或其他任意所求测试条件下的参数值，可以表示为

$$U_3=U_1+\alpha(U_2-U_1) \tag{6-7}$$

$$I_3=I_1+\alpha(I_2-I_1) \tag{6-8}$$

其中参数对 (I_1,U_1) 和 (I_2,U_2) 的选取原则是 $I_2-I_1=I_{SC2}-I_{SC1}$，其中，I_{SC1} 和

I_{SC2} 是两组已测光伏组件 I-U 特性的短路电流值。

这里的 α 是内插常数,其大小与辐照度和温度的关系为

$$G_3 = G_1 + \alpha(G_2 - G_1) \tag{6-9}$$

$$T_3 = T_1 + \alpha(T_2 - T_1) \tag{6-10}$$

转换方法三普遍适用于大多数光伏特性的研究,式(6-7)～式(6-10)可用以辐照度校正、温度校正,或辐照度和温度的同时校正。

转换方法三中仅有一个内插常数 α,求取 α 的具体方法如下:

(1)分别测量辐照度 G_1、温度 T_1 和辐照度 G_2、温度 T_2 两种条件下的 I-U 特性曲线,如图 6-13(a)所示,找出 I_{SC1} 和 I_{SC2} 的大小。

(2)由式(6-7)和式(6-8)计算内插系数 α:例如 $G_1 = 1000W/m^2$,$T_1 = 50℃$,$G_2 = 500W/m^2$,$T_2 = 40℃$,欲求的辐照度是 $G_3 = 800W/m^2$,则由式(6-7)和式(6-8)可分别求得 $\alpha = 0.4$,$T_3 = 46℃$。

(3)在第一条 I-U 特性曲线上选取点 (U_1,I_1),然后在第二条 I-U 曲线上找到点 (U_2,I_2),使之满足关系 $I_2 - I_1 = I_{SC2} - I_{SC1}$,如图 6-13(b)所示。

(4)由式(6-7)和式(6-8)求取 U_3 和 I_3。

(5)在第一条 I-U 特性曲线上选取多个数据点 (U_1,I_1),重复步骤(3)和步骤(4)的计算过程,得到多个对应的点 (U_3,I_3)。

(6)由众多 (U_3,I_3) 数据绘出辐照度 G_3、温度 T_3 条件下的 I-U 特性曲线,如图 6-13(b)中的虚线所示。

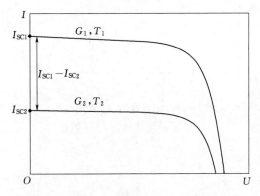 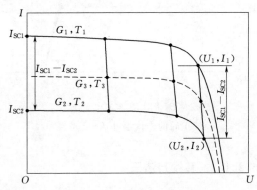

(a)辐照度 G_1、温度 T_1 和辐照度 G_2、温度 T_2 下的 I-U 曲线　　(b)辐照度 G_3、温度 T_3 下的 I-U 曲线

图 6-13　辐照度校正

同理,用相似的过程可以进行温度的校正,温度校正如图 6-14 所示。图 6-15 则显示了辐照度和温度同时校正的过程。当 $0 < \alpha < 1$ 时,校正过程采用的是内插法,否则采用外差法。需要注意的是,当 G_1、G_2、T_1 和 T_2 已确定时,G_3 和 T_3 不能独立选取,因为两者有式(6-9)和式(6-10)确立的约束关系。

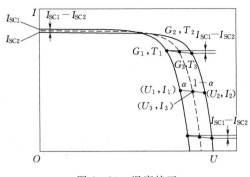

图 6-14　温度校正

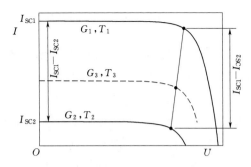

图 6-15　辐照度和温度同时校正

6.2.1.4　曲线校正系数 κ 和 κ' 的确定

求取 κ 值时温度系数 α 和 β 必须已知，因为它们是作为确定 κ 的输入量使用的。具体过程如下：

（1）记录恒定辐照度下多条不同温度时的组件 $I-U$ 特性，测量时辐照度变化应不超过 $\pm 1\%$。测得不同温度下的 $I-U$ 特性如图 6-16 所示。

（2）假定 T_1 是测得的最低温度，令式（6-3）中的 $\kappa = 0\Omega/K$ 或式（6-5）中的 $\kappa' = 0\Omega/K$，转换其他 $N-1$ 条较高温度下的 $I-U$ 特性到 T_1 这一温度等级。

（3）画出校正过的 $I-U$ 曲线图。用 $\kappa = 0\Omega/K$ 或 $\kappa' = 0\Omega/K$ 校正后的 $I-U$ 特性如图 6-17 所示。

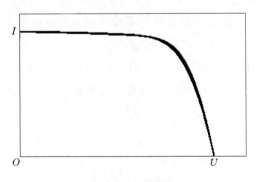

图 6-16　测得不同温度下的 $I-U$ 特性

（4）从 $0\Omega/K$ 开始正向或负向改变 κ 或 κ' 的值，当逐渐移位的 $I-U$ 曲线的最大输出功率与辐照度 G_1 时的最大输出功率偏差小于 $\pm 0.5\%$ 时，此时的 α 值即为适合的 α 校正值，用优化的 κ 或优化的 κ' 校正后的 $I-U$ 特性如图 6-18 所示。

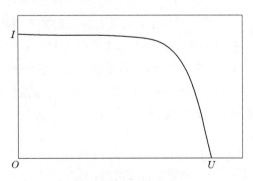

图 6-17　用 $\kappa = 0\Omega/K$ 或 $\kappa' = 0\Omega/K$
　　　　校正后的 $I-U$ 特性

图 6-18　用优化的 κ 或优化的 κ'
　　　　校正后的 $I-U$ 特性

6.2.2 不同类型数据特征缩放

数据特征缩放是一种用于标准化独立变量和特征范围的方法，也称为数据标准化，通常在数据预处理时执行。一个原因是由于原始数据的值变化范围很大，在机器学习中，如果不进行标准化，目标函数将无法正常工作。例如，大多数分类器按欧几里德距离计算两点之间的距离，如果其中一个特征范围较宽，则距离将受该特征的主导。因此，需要对于所有特征的范围进行缩放，以使每个特征大致与最终距离成比例。应用特征缩放的另一个原因是能够加快梯度下降的收敛速度，这在求解优化类问题中尤为重要。

6.2.2.1 归一化

归一化一般是将数据映射到指定的范围，用于去除不同维度数据的量纲以及量纲单位。常见的映射范围有 [0，1] 和 [−1，1]，下面分别介绍两种常见的归一化方法。

1. Min‑Max 归一化

最简单的方式是重新缩放特征的范围到 [0，1] 或 [−1，1]，依据原始的资料选择目标范围，表达式为

$$x' = \frac{x - \min(x)}{\max(x) - \min(x)} \tag{6-11}$$

式中　x——原始的值；

　　　x'——被归一化后的值。

2. 均值归一化

$$x' = \frac{x - \mathrm{mean}(x)}{\max(x) - \min(x)} \tag{6-12}$$

式中　x——原始的值；

　　　x'——被归一化后的值。

6.2.2.2 标准化

在机器学习中，需要处理不同种类的数据，这些数据可能是高维度的，数据标准化后会使每个特征中的数值平均变为 0（将每个特征的值都减掉原始数据中该特征的平均）、标准差变为 1，这个方法被广泛地使用在许多机器学习算法中（例如支持向量机、逻辑回归和类神经网络）。最常见的标准化方法是 Z‑Score 标准化，将数据的均值缩放到 0，方差缩放到 1。

$$x' = \frac{x - \overline{x}}{\sigma} \tag{6-13}$$

式中　x——原始特征向量；

　　　$\overline{x}$——特征向量均值；

　　　σ——标准差。

6.2.2.3 单位缩放

在机器学习中广泛使用的一种选择是缩放特征向量的分量，使得完整向量具有长度1。这通常意味着将每个分量除以向量的欧几里德长度，其表达式为

$$x' = \frac{x}{\| x \|} \tag{6 - 14}$$

在一些应用中（例如直方图特征），使用特征向量的 L1 范数（即曼哈顿距离）可能更实际。如果在学习步骤中将标量度量用作距离度量，尤其重要。

6.3 实证数据挖掘方法

6.3.1 数据挖掘概述

数据挖掘是发现大数据中数据模式和隐含信息的计算过程，许多数据挖掘算法已经在人工智能、机器学习、模式识别、统计和数据库领域得到了应用，结合智能算法，数据挖掘技术可获取光伏电站有价值的信息、信息间的关联等，以提供更深层次的信息整合与预测。光伏电站数据挖掘应用主要分为描述性、规则性、预测性三类。

（1）描述性应用。基于监测大数据分布式检索分析组串发电效率，精确定位组件清洁范围，直观展示组串积尘情况。

（2）规则性应用。统计光伏电站出现异常时各运行指标属性，包括电站总出力变化过程、逆变器输出功率、各组件转换效率等，形成异常与指标的关联规则。电站运行时，实时监测系统当前各指标，并与历史数据进行比对，发现与异常数据库相似即可发出警告。基于以上原理可形成光伏电站的故障预警，包括光伏组件故障、汇流箱故障、逆变器故障、交流输配电侧故障和直流输配电侧故障等。

（3）预测性应用。基于天气分类的功率预测，通过统计学习各类别气象指标与功率潜在规律，在实时预测时，根据气象预报信息调用相应预测模型，以提高预测准确率。

通过不同气候类型区的实证光伏电站的数据，还可联合多个光伏电站、多指标进行综合统计分析，充分利用信息组合的价值。传统的统计排名分析单纯从一个角度考量光伏电站、光伏组件状态，不能完全反映实际情况，需结合相关指标进行大数据分析，分析的主要内容如下：

（1）气象、资源指标分析。统计对比区域、光伏电站的气象、资源指标，主要包括总辐射量、倾斜面总辐射量、日照时数、平均风速、平均气温、相对湿度等。

（2）电量和能耗指标分析。通过各光伏电站的发电量、上网电量、设备故障率、等效利用小时数、光伏阵列吸收损耗、逆变器损耗等，进行发电企业、设备生产厂商、光伏电站群组、区域、基地相关电量指标和能耗指标的对比分析。

（3）设备运行水平指标分析。统计各光伏电站综合效率、逆变器转换效率、光伏阵列效

率以及组件衰减程度指标等，对比分析不同设备制造厂商的设备运行效率及可靠性。

6.3.2　分类分析

分类是找出数据库中一组数据对象的共同特点并按照分类模式将其划分为不同的类，其目的是通过分类模型，将数据库中的数据项映射到某个给定的类别中。

利用分类技术可以从数据集中提取描述数据类的一个函数或模型（常称为分类器），并把数据集中的每个对象归结到某个已知的对象类中。机器学习中将分类技术视为监督学习，即每个训练样本的数据对象已经有类标识，通过学习可以形成表达数据对象与类标识间对应的知识。所谓分类，简单来说，就是根据数据的特征或属性，划分到已有的类别中。

分类作为一种监督学习方法，要求必须事先明确知道各个类别的信息，并且断言所有待分类项都有一个类别与之对应。但是很多时候上述条件得不到满足，尤其是在处理海量数据的时候，如果通过预处理使得数据满足分类算法的要求，则代价非常大，这时可以考虑使用聚类算法。

常用的分类方法包括逻辑回归、决策树分类法、基于规则的分类器、朴素的贝叶斯分类算法、支持向量机（support vector machine，SVM）分类器、神经网络法、k-最近邻法、模糊分类法等。支持向量机最常用的分类方法如下：

假定一个特征空间上的训练数据集为

$$T=\{(x_1,y_1),(x_2,y_2),\cdots,(x_n,y_n)\}$$

$$x_i \in X = R^n, y_i \in Y = \{+1,-1\}, i=1,2,\cdots,N \qquad (6-15)$$

式中　x_i——第 i 个特征向量；

y_i——x_i 的类标记。

当 $y_i=+1$ 时，称 x_i 为正例，当 $y_i=-1$ 时，称 x_i 为负例，(x_i,y_i) 为样本点，学习的目标是找到一个分离超平面，能够将实例分到不同的类，分割超平面对应于方程 $wx+b=0$。分割超平面将空间分成正类和负类两部分。

当训练数据集线性可分时，存在无穷个分离超平面可将两类数据正确分开，感知器利用误分类最小的策略，求得分离超平面，不过这时的解有无穷多个，线性可支持向量机利用间隔最大化求最优分离超平面，这时解是唯一的。由此引出线性可支持向量机的定义：给定线性可分训练数据集，通过间隔最大化或等价求解相应的凸二次规划问题学习得到的分离超平面为

$$\boldsymbol{w}^* x + \boldsymbol{b}^* = 0 \qquad (6-16)$$

相应的分类决策函数为

$$f(x) = \text{sign}(\boldsymbol{w}^* + \boldsymbol{b}^*) \qquad (6-17)$$

式中　w——法向量，决定了超平面的方向；

b——位移项，决定了超平面和原点之间的距离。显然，划分超平面可被法向量 w 和 b 决定，样本空间中任意点 x 到超平面 (w,b) 的距离可写为

$$r = \frac{|\boldsymbol{w}^\mathrm{T} x + \boldsymbol{b}|}{\|\boldsymbol{w}\|} \qquad (6-18)$$

假设超平面（$\boldsymbol{w}$，$\boldsymbol{b}$）能将训练样本正确分类，即对于（x_i，y_i）$\in D$，若 $y_i = +1$，则有 $\boldsymbol{w}^\mathrm{T} x_i + \boldsymbol{b} > 0$；若 $y_i = -1$，则有 $\boldsymbol{w}^\mathrm{T} x_i + \boldsymbol{b} < 0$。令

$$\begin{cases} \boldsymbol{w}^\mathrm{T} x_i + \boldsymbol{b} \geqslant +1, y_i = +1 \\ \boldsymbol{w}^\mathrm{T} x_i + \boldsymbol{b} \leqslant -1, y_i = -1 \end{cases} \qquad (6-19)$$

最优分隔超平面示意图如图 6-19 所示，距离超平面最近的几个训练样本点使等式 (6-19) 成立，它们被称为支持向量，两个异类支持向量到超平面的距离之和为

$$\gamma = \frac{2}{\|w\|} \qquad (6-20)$$

距离之和被称为间隔。

欲找到具有"最大间隔"的划分超平面，也就是找到能满足式（6-19）中约束的参数 w 和 b，使得 γ 最大，即

$$\max_{w,b} \frac{2}{\|\boldsymbol{w}\|}$$
$$\text{s. t. } y_i(\boldsymbol{w}^\mathrm{T} x_i + \boldsymbol{b}) \geqslant 1, i = 1, 2, \cdots, m \qquad (6-21)$$

因此，为了最大化间隔，需要最大化 $\|w\|^{-1}$，这等价于最小化 $\|w\|^2$。

于是，式（6-21）可重写为

$$\min_{w,b} \frac{1}{2} \|\boldsymbol{w}\|^2$$
$$\text{s. t. } y_i(\boldsymbol{w}^\mathrm{T} x_i + \boldsymbol{b}) \geqslant 1, i = 1, 2, \cdots, m \qquad (6-22)$$

这就是支持向量机的基本型。式（6-22）是一个凸二次优化问题，可将其作为原始问题，通过求解对偶问题来获得原始问题的最优解，这样做可以使对偶问题更容易求解。

首先构建拉格朗日函数，为此引进拉格朗日乘子 $\alpha_i \geqslant 0$，$i = 1$，2，$\cdots$，N，定义拉格朗日函数为

$$L(\boldsymbol{w}, \boldsymbol{b}, a) = \frac{1}{2} \|\boldsymbol{w}\|^2 - \sum_{i=1}^{N} \alpha_i y_i (\boldsymbol{w} \cdot x_i + \boldsymbol{b}) + \sum_{i=1}^{N} \alpha_i \qquad (6-23)$$

对 w 和 b 的偏导数为零可得

$$\boldsymbol{w} = \sum_{i=1}^{m} \alpha_i y_i x_i \qquad (6-24)$$

$$0 = \sum_{i=1}^{m} \alpha_i y_i \qquad (6-25)$$

将式（6-24）代入式（6-23），并考虑式（6-25）的约束，可得到对偶问题

$$\max_{\alpha} \sum_{i=1}^{m} \alpha_i - \frac{1}{2} \sum_{i=1}^{m} \sum_{j=1}^{m} \alpha_i \alpha_j y_i y_j x_i^\mathrm{T} x_j$$
$$\text{s. t. } \sum_{i=1}^{m} \alpha_i y_i = 0, \alpha_i \geqslant 0, i = 1, 2, \cdots, m \qquad (6-26)$$

利用 SMO 算法可以求解出式（6-26）中的 α，并进而得出 w 和 b 的值，也随之得到模型，其表达式为

$$f(x) = \boldsymbol{w}^{\mathrm{T}} x + \boldsymbol{b} = \sum_{i=1}^{m} \alpha_i y_i x_i^{\mathrm{T}} x + \boldsymbol{b} \qquad (6-27)$$

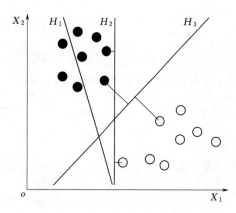

这个模型实现了最优分隔超平面，即距离超平面最近的点与超平面的距离达到了最大。如图 6-19 所示，H_1 不能把类别分开；H_2 可以，但只有很小的间隔；H_3 以最大间隔将它们分开。

6.3.3　聚类分析

聚类类似于分类，但与分类的目的不同，是针对数据的相似性和差异性将一组数据分为几个类别。属于同一类别的数据间相似性很大，但不同类别之间数据的相似性很小，跨类的数据关联性很低。

图 6-19　最优分隔超平面示意图

聚类并不关心某一类是什么，其目标只是把相似的东西聚到一起。聚类分析就是将数据划分成有意义或有用的组（簇）。因此，一个聚类算法通常只需要知道如何计算相似度就可以开始工作了，因此聚类通常并不需要使用训练数据进行学习，即无监督学习。聚类分析仅根据在数据中发现的描述对象及其关系的信息将数据对象分组。其目标是，组内的对象相互之间是相似的，而不同组中的对象是不同的。

一个好的聚类方法要能产生高质量的聚类结果——簇，这些簇要具备以下两个特点：高的簇内相似性、低的簇间相似性。聚类方法的好坏还取决于该方法是否能发现某些或是所有的隐含模式。

常用的聚类方法包括：①分层聚类分析，即通过创建聚类树构建多级聚类层次；②k 均值聚类分析，基于到聚类形心的距离将数据划分为 k 相异聚类；③高斯混合模型，将聚类作为多元正态密度成分的混合建模；④自组形态分析法，使用学习拓扑和数据分布的神经网络。下面对 k 均值聚类方法做简要介绍。

k 均值算法作为一种聚类分析方法流行于数据挖掘领域。k 均值聚类的目的是把 n 个点（可以是样本的一次观察或一个实例）划分到 k 个聚类中，使得每个点都属于离其最近的均值（此即聚类中心）对应的聚类，以其作为聚类的标准。这个问题将归结为一个把数据空间划分为沃罗诺伊单元格（Voronoi cells）的问题。

一般情况下，该类问题都使用效率比较高的启发式算法，它们能够快速收敛于一个局部最优解。这些算法通常类似于通过迭代优化方法处理高斯混合分布的最大期望（expectation maximization，EM）算法。而且，它们都使用聚类中心来为数据建模；然而 k 均值聚类倾向于在可比较的空间范围内寻找聚类，期望最大化技术却允许聚类有不

同的形状。

已知观测集 $(x_1, x_2, \cdots, x_n)$，其中每个观测都是一个 d 维实向量，k 均值聚类就是要把这 n 个观测划分到 k 个集合中（$k \leqslant n$），使得组内平方和最小。换句话说，它的目标是找到聚类 S_i，使其满足

$$\arg \min_S \sum_{i=1}^{k} \sum_{x \in S_i} \| x - \mu_i \|^2 \qquad (6-28)$$

式中 μ_i——S_i 中所有点的均值。

最常用的算法使用了迭代优化的技术。它被称为 k 平均算法并被广泛使用，也被称为 Lloyd 算法。已知初始的 k 个均值点 $m_1^{(1)}, \cdots, m_k^{(1)}$，算法按照下面两个步骤交替进行：

（1）分配：将每个观测分配到聚类中，使得组内平方和达到最小。

因为这一平方和就是平方后的欧氏距离，因此很直观地把观测分配到离它最近的均值点即可。数学上，这意味依照由这些均值点生成的沃罗诺伊图（Voronoi 图）来划分上述观测。

$$S_i^{(t)} = \{x_p : \| x_p - m_i^{(t)} \|^2 \leqslant \| x_p - m_j^{(t)} \|^2 \; \forall j, 1 \leqslant j \leqslant k\} \qquad (6-29)$$

其中，每个 x_p 都只被分配到一个确定的聚类 $S^{(t)}$ 中，尽管在理论上它可能被分配到 2 个或者更多的聚类。

（2）更新：对于上一步得到的每一个聚类，以聚类中观测值的图心作为新的均值点。

$$m_i^{(t+1)} = \frac{1}{| S_i^{(t)} |} \sum_{x_j \in S_i^{(t)}} x_j \qquad (6-30)$$

因为算术平均是最小二乘估计，因此这一步同样减小了目标函数组内平方和的值。k 均值算法示意如图 6-20 所示。图 6-20（a）的 k 初始均值（$k=3$）是在数据域内随机生成的（以彩色显示）。图 6-20（b）通过将每个观察与最近的平均值相关联来创建 k 个簇。这里的分区表示由均值生成的 Voronoi 图。图 6-20（c）中，每个 k 簇的中心成为新均值。图 6-20（d）中，重复（b）、（c）的步骤，直到达到收敛。

该算法将在观测的分配不再变化时收敛。由于交替进行的两个步骤都会减小目标函数组内平方和的值，并且分配方案只有有限种，因此算法一定会收敛于某一局部最优解，即该算法无法保证得到全局最优解。

6.3.4 回归分析

回归分析反映了数据库中数据的属性值特性，通过函数表达数据映射的关系来发现属性值之间的依赖关系。它可以应用到对数据序列的预测及相关关系的研究中去。

在统计学中，回归分析指的是确定两种或两种以上变量间相互依赖定量关系的一种统计分析方法。回归分析按照涉及的变量多少，分为一元回归和多元回归分析；按照因变量的多少，可分为简单回归分析和多重回归分析；按照自变量和因变量之间的关系类型，可分为线性回归分析和非线性回归分析。

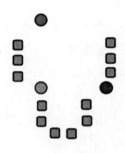

（a）k 初始"均值"（$k=3$）

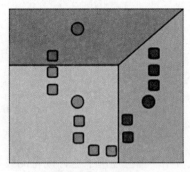

（b）创建 k 个簇

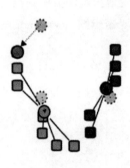

（c）生成新均值

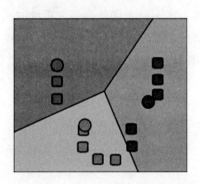

（d）重复步骤至收敛

图 6 - 20　k 均值算法示意

有各种各样的回归技术用于预测。这些技术主要有三个度量，分别是自变量的个数、因变量的类型以及回归线的形状。常用回归分析方法如下：

（1）线性回归。线性回归使用最佳的拟合直线（也就是回归线）在因变量 y 和一个或多个自变量 x 之间建立一种关系。

（2）逻辑回归。逻辑回归是用来计算"事件＝Success"和"事件＝Failure"的概率。当因变量的类型属于二元（1/0，真/假，是/否）变量时，就应该使用逻辑回归。

（3）多项式回归。对于一个回归方程，如果自变量的指数大于 1，那么它就是多项式回归方程。

（4）逐步回归。在处理多个自变量时，可以使用这种形式的回归。在这种技术中，自变量的选择是在自动的过程中完成的，其中包括非人为操作。

（5）岭回归。岭回归分析是一种用于存在多重共线性（自变量高度相关）数据的技术。在多重共线性情况下，尽管最小二乘法对每个变量很公平，但它们的差异很大，这使得观测值偏移并远离真实值。岭回归通过给回归估计增加一个偏差度来降低标准误差。

（6）套索回归。它类似于岭回归，Lasso 也会惩罚回归系数的绝对值大小。此外，它能够减少变化程度并提高线性回归模型的精度。

（7）ElasticNet 回归。ElasticNet 是 Lasso 和 Ridge 回归技术的混合体。它使用 L1 来训练，并且使用 L2 优先作为正则化矩阵。当有多个相关的特征时，ElasticNet 非常有用。Lasso 会随机挑选它们其中的一个，而 ElasticNet 则会选择两个。

回归分析方法包括简单线性回归、多元线性回归和多项式线性回归方法等。

6.3.4.1　简单线性回归

简单线性回归是一种非常简单的根据单一预测变量 x 预测定量响应变量 y 的方法。它假定 x 和 y 之间存在线性关系。在数学上，可以将这种线性关系表示为

$$y = \beta_0 + \beta_1 x \tag{6-31}$$

式（6-31）可描述为 y 对 x 的回归，β_0 和 β_1 是两个未知的常量，分别表示模型的截距和斜率，确定了这两个模型的参数，就可以通过 x 得出对 y 的预测，令（x_1，y_1），（x_2，y_2），…，（x_n，y_n）表示 n 组观测，每组都包括一个 x 观测值和一个 y 观测值，线性回归的目的是通过系数估计得出 β_0 和 β_1，以使线性模型更好地拟合现有数据，即尽可能接近数据点。简单线性回归示意图如图 6-21 所示。

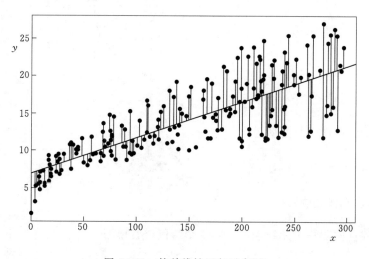

图 6-21　简单线性回归示意图

根据变量 x 的第 i 个值，用 $\hat{y} = \hat{\beta_0} + \hat{\beta_1} x_i$ 来估计 y。$e_i = y_i - \hat{y_i}$ 代表第 i 个残差，即第 i 个观测到的响应值和第 i 个用线性模型预测的响应值之间的差距，定义残差平方和 RSS 为

$$RSS = e_1^2 + e_2^2 + \cdots + e_n^2 \tag{6-32}$$

或等价定义为

$$RSS = (y_1 - \hat{\beta_0} - \hat{\beta_1} x_1)^2 + (y_2 - \hat{\beta_0} - \hat{\beta_1} x_2)^2 + \cdots + (y_n - \hat{\beta_0} - \hat{\beta_1} x_n)^2 \tag{6-33}$$

利用最小二乘法选择 β_0 和 β_1 来使 RSS 最小，通过微积分运算可知，使 RSS 参数最小的参数估计值为

$$\hat{\beta}_1 = \frac{\sum_{i=1}^{n}(x_i - \overline{x})(y_i - \overline{y})}{\sum_{i=1}^{n}(x_i - \overline{x})^2} \tag{6-34}$$

$$\hat{\beta}_0 = \overline{y} - \hat{\beta}_1 \overline{x}$$

此处 $\overline{y} = 1/n \sum_{i=1}^{n} y_i$ 和 $\overline{x} = 1/n \sum_{i=1}^{n} x_i$ 为样本均值，式（6-34）定义了简单线性回归系数的最小二乘估计，使线性模型尽可能地拟合数据。

6.3.4.2　多元线性回归

简单线性回归是使用单个预测变量预测响应变量的一种有用的方法，然而在实践中，常常有不止一个预测变量，每一个样本都有多个属性，每个观测以向量形式表示为 $\boldsymbol{x}_i = (x_{i1}, x_{i2}, \cdots, x_{in})$，对应于简单线性回归，系数 β_1 对应于向量 $\boldsymbol{w} = (w_1, w_2, \cdots, w_n)$，截距 β_0 对应于 $\boldsymbol{b}$，因此问题转化为试图通过学习得出 $f(x_i) = \boldsymbol{w}^{\mathrm{T}} x_i + b$，使得 $f(x_i) \approx y_i$，这称为多元线性回归。通过比较复杂的推导，可以得出参数的估计为

$$\hat{\boldsymbol{w}} = (\boldsymbol{X}^{\mathrm{T}} \boldsymbol{X})^{-1} \boldsymbol{X}^{\mathrm{T}} y \tag{6-35}$$

其中

$$\boldsymbol{X} = \begin{bmatrix} \boldsymbol{x}_1^{\mathrm{T}} & 1 \\ \boldsymbol{x}_2^{\mathrm{T}} & 1 \\ \vdots \\ \boldsymbol{x}_n^{\mathrm{T}} & 1 \end{bmatrix} \tag{6-36}$$

最终学习得到的线性回归模型为

$$f(\hat{\boldsymbol{x}}_i^{\mathrm{T}}) = \hat{\boldsymbol{x}}_i^{\mathrm{T}} (\boldsymbol{X}^{\mathrm{T}} \boldsymbol{X})^{-1} \boldsymbol{X}^{\mathrm{T}} y \tag{6-37}$$

6.3.4.3　多项式线性回归

多项式线性回归是多元线性回归的一个特例，其模型为

$$y_i = \beta_0 + \beta_1 x_i + \beta_2 x_i^2 + \cdots + \beta_m x_i^m + \varepsilon_i \quad i = 1, 2, \cdots, n \tag{6-38}$$

式（6-38）也可表述为矩阵形式的线性方程组，其表达式为

$$\begin{bmatrix} y_1 \\ y_2 \\ y_3 \\ \vdots \\ y_n \end{bmatrix} = \begin{bmatrix} 1 & x_1 & x_1^2 & \cdots & x_1^m \\ 1 & x_2 & x_2^2 & \cdots & x_2^m \\ 1 & x_3 & x_3^2 & \cdots & x_3^m \\ & & \vdots & & \\ 1 & x_n & x_n^2 & \cdots & x_n^m \end{bmatrix} \begin{bmatrix} \beta_0 \\ \beta_1 \\ \beta_2 \\ \vdots \\ \beta_m \end{bmatrix} + \begin{bmatrix} \varepsilon_1 \\ \varepsilon_2 \\ \varepsilon_3 \\ \vdots \\ \varepsilon_n \end{bmatrix} \tag{6-39}$$

其中 $\boldsymbol{X}$ 为范德蒙矩阵，其表达式为

$$\vec{y} = \boldsymbol{X} \vec{\beta} + \vec{\varepsilon} \tag{6-40}$$

多项式回归采用最小二乘法得到，回归系数向量为

$$\hat{\vec{\beta}} = (\boldsymbol{X}^{\mathrm{T}}\boldsymbol{X})^{-1}\boldsymbol{X}^{\mathrm{T}}\vec{\boldsymbol{y}} \qquad (6-41)$$

6.3.5　关联分析

关联规则是隐藏在数据项之间的关联或相互关系，即可以根据一个数据项的出现推导出其他数据项的出现。关联规则的挖掘过程主要包括两个阶段：第一阶段为从海量原始数据中找出所有的高频项目组；第二阶段为从这些高频项目组产生关联规则。下面介绍关联分析的两种常用算法。

1. Apriori 算法

Apriori 算法是挖掘产生布尔关联规则所需频繁项集的基本算法，Apriori 算法的核心在于提升关联规则产生的效率。

Apriori 算法被广泛应用于各种领域，通过对数据的关联性进行分析和挖掘，挖掘出的这些信息在决策制定过程中具有重要参考价值。Apriori 算法采用了逐层搜索的策略来对解空间进行遍历。在遍历的过程中，该算法采用了先验原理来对解空间进行剪枝，减少候选项集的数量。也就是说，如果某个项集是频繁的，那么它的所有子集也是频繁的。反过来说，如果一个项集是非频繁集，那么它所有的超集也是非频繁的。Apriori 算法剪枝如图 6-22 所示。

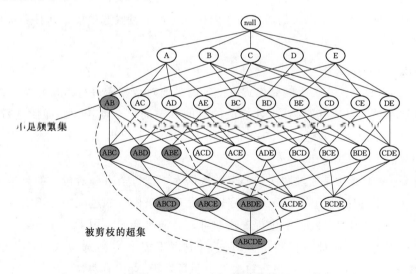

图 6-22　Apriori 算法剪枝

给定如图 6-22 所示的解空间，如果候选项集 {A，B} 不是频繁项集，则该候选项集的任意超集均不可能成为频繁项集，因此，无需计算这些项集的支持度，可以将其从解空间中剪枝，减少了不必要的计算量。

Apriori 算法首先扫描一次事务数据集，计算各个数据项的支持度，从而得到频繁 1-项集。将这些频繁 1-项集自连接来生成候选 2-项集。通过再一次扫描事务数据集，

计算各个候选项集的支持度，从而得到频繁 2 -项集。Apriori 算法按照这个方式不断迭代，直至不再产生新的候选项集或频繁项集为止。其中，将两个 k -项集自连接来生成候选 $(k+1)$ -项集的要求是这两个 k -项集除了最后一个数据项不同，其余数据项均相同。所生成的不满足先验原理的候选 $(k+1)$ -项集将被删除。Apriori 算法过程如图 6 - 23 所示。

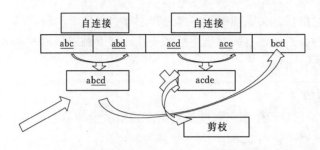

图 6 - 23　Apriori 算法过程

如图 6 - 23 所示，将频繁 3 -项集 {abc} 和 {abd} 做自连接生成候选 4 -项集 {a，b，c，d}，由于 {a，b，c，d} 的任意子集均是频繁项集，因此，保留该候选项集。而候选 4 -项集 {a，c，d，e} 的子集 {c，d，e} 并不是频繁项集，因此，将其删除。

Apriori 算法的优点在于算法简单、易理解、数据要求低。但是 Apriori 算法只能处理分类变量，无法处理数值型变量；算法执行过程需要多次扫描事务数据集，尽管采用了基于先验定理的剪枝技术，仍然需要在内存中保存大量候选项集，并且多次扫描数据库，需要很大的读写负载。

2. FP - Growth 算法

由于 Apriori 算法在产生频繁模式完全集前需要对数据库进行多次扫描，同时产生大量的候选频繁集，这就使 Apriori 算法的时间和空间复杂度较大。即使进行了优化，其效率也仍然不能令人满意。2000 年，Han Jiawei 等人提出了基于频繁模式树发现频繁模式的算法 FP - Growth。

FP - Growth 算法是通过两次扫描事务数据库，把每个事务所包含的频繁项目按其支持度降序压缩存储到 FP - Tree 中。在以后发现频繁模式的过程中，不需要再扫描事务数据库，而仅在 FP - Tree 中进行查找即可，并通过递归调用 FP - Growth 的方法来直接产生频繁模式。因此，在整个发现过程中也不需产生候选模式。该算法克服了 Apriori 算法中存在的问题，在执行效率上也明显好于 Apriori 算法。

FP - Growth 的思想是构造一棵 FP - Tree，把数据集中地映射到树上，再根据这棵 FP - Tree 找出所有频繁项集。FP - Growth 算法是一种用于发现数据集中频繁模式的有效方法。由于只对数据集扫描两次，因此 FP - Growth 算法执行更快。下面简要介绍 FP - Growth 算法原理。

给定表 6 - 6 所示的事务数据集。首先，FP - Growth 算法扫描一次事务数据集，计算各个数据项的支持度计数，从而得到频繁 1 -项集。然后，再一次扫描事务数据集，根据频繁 1-项集对每一条事务进行过滤，删除其中不满足最小支持度阈值的 1-项集，并按照支持度计数递减排序。

表 6-6 事务数据集

序 号	事 务	排 序	序 号	事 务	排 序
1	ABDE	BEAD	4	ABCE	BEAC
2	BCE	BEC	5	ABCDE	BEACD
3	ABDE	BEAD	6	BCD	BCD

FP-Tree 的每一个节点存储了数据项的名称，支持度计数和指向同名节点的指针。将上一步处理过后的事务插入到 FP-Tree，FP-Tree 示意图如图 6-24 所示。

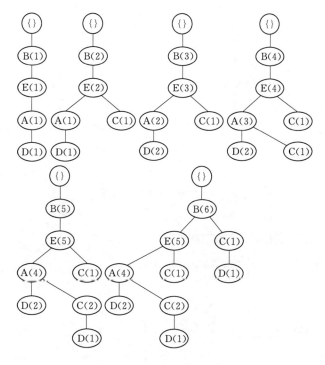

图 6-24 FP-Tree 示意图

概括地讲，FP-Growth 算法挖掘频繁项集的过程由两个子过程组成：①遍历事务数据集并建立 FP-Tree；②对于该 FP-Tree 对应的头表中的每一个数据项，通过遍历同名节点链表来生成数据项的条件事务数据集。该算法通过递归执行上述两个子过程来挖掘频繁项集，FP-Growth 算法执行流程如图 6-25 所示。

光伏组件故障分析中可运用关联分析算法。将最大功率点电压、最大功率点电流、开路电压、短路电流、背板温度、环境温度、辐照度等连续数据值分区间进行分组，将对应的异常类型进行标注，如开路、短路、老化、阴影等，得到离散化数据表格使用 FP-Growth 算法进行关联分析。

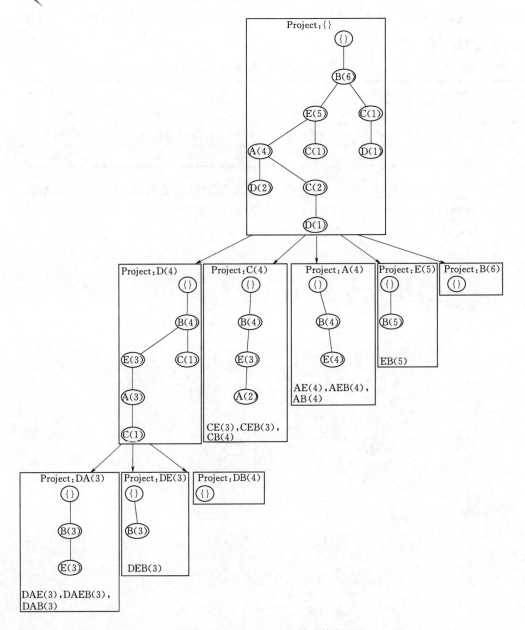

图 6-25 FP-Growth 算法执行流程

参 考 文 献

［1］ Pang-Ning Tan，Michael Steinbach，Vipin Kumar. 数据挖掘导论（完整版）［M］. 北京：人民邮电出版社，2011.

［2］ 周志华. 机器学习［M］. 北京：清华大学出版社，2016.

［3］ 加雷斯·詹姆斯. 统计学习导论［M］. 北京：机械工业出版社，2015.

［4］ 王曰芬，章成志，张蓓蓓，等. 数据清洗研究综述［J］. 数据分析与知识发现，2007，2

(12)：50 – 56.

［5］ 孙文磊，王立彬，申洪涛，等．基于大数据分析的光伏发电系统日电量预测方法 ［J］．贵州电力技术，2017，20 （9）：63 – 64.

［6］ 盛银波，张利庭，周子誉，等．基于大数据的嘉兴地区分布式光伏发电特征监测分析 ［J］．供用电，2018 （1）：86 – 92.

［7］ 程泽，李思宇，韩丽洁，等．基于数据挖掘的光伏阵列发电预测方法研究 ［J］．太阳能学报，2017，38 （3）：726 – 733.

［8］ 杨涌文，钱凡悦，汤在勤，等．光伏电站运行日志的数据挖掘与分析方法研究 ［J］．科技经济导刊，2017 （2）：1 – 4.

［9］ 栗然，李广敏．基于支持向量机回归的光伏发电出力预测 ［J］．中国电力，2008，41 （2）：74 – 78.

［10］ 金鑫，袁越，傅质馨，等．天气类型聚类的支持向量机在光伏系统输出功率预测中的应用 ［J］．现代电力，2013，30 （4）：13 – 18.

［11］ 郭一飞，高厚磊，田佳．引入聚类分析的光伏出力建模及其在可靠性评估中的应用 ［J］．电力系统自动化，2016，40 （23）：93 – 100.

［12］ 杨大勇，葛琪，董永超，等．基于 K 均值聚类的光伏电站运行状态模式识别研究 ［J］．电力系统保护与控制，2016 （14）：25 – 30.

［13］ 晏杰，亓文娟．基于 Aprior&FP – growth 算法的研究 ［J］．计算机系统应用，2013，22 （5）：122 – 125.

［14］ Shi J，Lee W J，Liu Y，et al. Forecasting power output of photovoltaic systems based on weather classification and support vector machines ［J］. IEEE Transactions on Industry Applications，2012，48 （3）：1064 – 1069.

第7章　光伏发电户外实证案例

在山西大同市采煤沉陷区建设的国家先进技术光伏示范基地为我国光伏"领跑者"计划首个光伏示范基地。基地规划建设总装机容量为 300 万 kW，分三年实施，以打造"光伏新技术示范地、领跑技术实践地、先进技术聚集地"为目标，采用达到"领跑者"技术指标的光伏产品，优选具有领先业绩水平、较强投资实力和先进技术管理能力的企业作为基地项目投资主体，基地已完成一期建设。

本章以山西大同光伏"领跑者"基地 1MW 先进技术光伏发电户外实证测试平台为例，介绍光伏发电户外实证测试平台的功能设计、实证主要测试内容及测试结果分析。

7.1　山西大同"领跑者"基地概况

大同市是山西省第二大城市，我国最大的煤炭能源基地之一，素有"中国煤都"之称。大同在长期大规模的煤炭开采中形成了约 $1687km^2$ 的采煤沉陷区，为了解决采煤沉陷区这些遭到破坏的闲置土地，2015 年 6 月，《大同采煤沉陷区光伏发电基地规划及2015 年实施方案》获得国家能源局批准，国家能源局首个光伏"领跑者"示范基地项目在大同落地。光伏项目为大同的经济转型找到了方向，为几十年难以破解"一煤独大"的经济发展模式找到了突破口。

在大同光伏"领跑者"基地招标文件中，也明确规定多晶硅光伏组件转换效率不低于 16.5%；光伏组件的温度效率系数不小于 $-0.42\%/℃$；光伏组件衰减满足 1 年末不大于 2.5%，之后每年衰减小于 0.7%，逆变器最高转换效率不低于 99%。

为验证该指标，基地建设期间，国家能源局多次召开验收方案讨论会，决定采用复合性验收原则，即"实验室认证与现场验收结合、短期测试与长期监测结合"，以确保设备领先、电站领先、基地领先；确保基地当下领跑、长期领跑。

大同光伏先进技术"领跑者"基地建设规模 100 万 kW，包括 7 个 10 万 kW 和 6 个 5 万 kW 的单体项目。基地建设在采煤沉陷区上，地形复杂，造成光伏发电单元差异较大，需对不同发电单元进行长期监测。同时该基地电站采用新技术组件、逆变器种类多，对覆盖基地的部件、系统进行长期高精度分析与监管测试成为巨大难题。光伏实证电站的建设实现了气象要素、组件组串、发电单元、整体系统的全效率链各环节监测。

大同光伏"领跑者"基地电站局部实物图如图 7-1 所示。

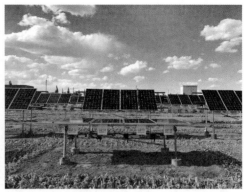

图 7-1 大同光伏"领跑者"基地电站局部实物图

7.2 户外实证测试平台设计

大同"领跑者"先进技术户外实证平台总体装机容量为 1.033MW，包含气象资源实证测试区、33kW 光伏组件实证测试区和 1MW 光伏逆变器实证测试区等三大测试系统，并可对测试数据进行综合分析处理。

7.2.1 实证平台光伏组件

7.2.1.1 组件类型统计

大同"领跑者"基地一共采用 13 家 31 种光伏组件，基地组件类型统计见表 7-1。其中单晶硅组件占 62.1%，多晶硅组件占 37.9%，"领跑者"基地单晶、多晶光伏组件使用情况如图 7-2 所示。其中 60 片电池片组件 770MW，占比 77%，72 片电池片组件 230MW，占比 23%，"领跑者"基地 72 片电池片组件、60 片电池片组件使用情况如图 7-3 所示。

表 7-1　　　　　　　　　　　　基 地 组 件 类 型 统 计

序号	项目名称	组件厂家	组 件 型 号	材料	标称功率/W	装机容量/kW
1	华电	晶澳	JAM6（K）-60-280/4BB	单晶	280	49216
		晶澳	JAM6（K）-60-285/PR	单晶	285	9934
		天合	TSM-280DC05A	单晶	280	39372
		中利腾辉	TP660M-280	多晶	280	7556
		—	各类组件混装	—	—	2220
			小计			108298

续表

序号	项目名称	组件厂家	组 件 型 号	材料	标称功率/W	装机容量/kW
2	京能	乐叶	LR6 - 60 - 280M	单晶	280	24874
		晶科	JKM270PP - 60	多晶	270	25637
		日托	SPP275P60	多晶	275	1016
		晶澳	JAP6 - 60 - 270	多晶	270	20956
		晶澳	JAM6 (K) - 60 - 280	单晶	280	32254
		小计				104737
3	晶澳	晶澳	JAP6 - 60 - 270/4BB	多晶	270	17499
		晶澳	JAM6 (L) - 60 - 290/PR	单晶	290	32895
		晶澳	JAP6 (DG) - 60 - 270	多晶	270	3084
		小计				53478
4	晶科	晶科	JKM270PP - 60	多晶	270	50080
5	英利	英利	YL285CG - 30b	单晶	285	53044
6	招商新能源	乐叶	LR6 - 72 - 330M	单晶	330	100938
7	三峡	晶澳	JAM6 (K) - 60 - 280/4BB	单晶	280	30381
		晶澳	JAM6 (K) - 60 - 290/PR	单晶	290	21635
		晶澳	JAP6 - 60 - 270	多晶	270	52952
		小计				104968
8	同煤	乐叶	LR6 - 72 - 330	单晶	335	30021
		晶科	JKM270PP - 60	多晶	270	15015
		日托	SPP280P60	多晶	280	10010
		晋能	JNMP60 - 270	多晶	270	45680
		小计				100726
9	阳光电源	阿特斯	CS6K - 265P - FG	多晶	265	17350
		晶澳	JAP6 - 60 - 270/4BB	多晶	270	32790
		小计				50140
10	正泰	晶科	JKM320PP - 72	多晶	320	30336
		正泰	CHSM6612P - 320	多晶	320	18393
		正泰	CHSM6612P - 325	多晶	325	1632
		小计				50361
11	中广核	晶科	JKM270PP - 60	多晶	270	50010
		晶澳	JAM6 (L) - 60 - 280/PR	单晶	280	50050
		小计				100060
12	中节能	协鑫	GCL - M6/72 - 330	单晶	330	12303
		协鑫	GCL - M6/72 - 335	单晶	335	12656
		晋能	JNMP72 - 320	多晶	320	25315
		小计				50274

续表

序号	项目名称	组件厂家	组 件 型 号	材料	标称功率/W	装机容量/kW
13	国电投	乐叶	LR6－60－280M	单晶	280	35007
		晶澳	JAM6（L）－60－280/PR	单晶	280	80000
			小计			115007
			合计			1042111

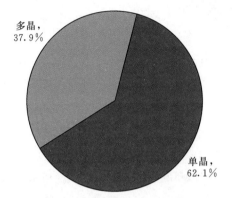

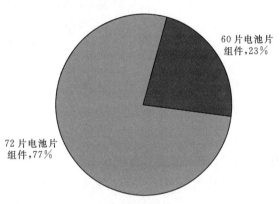

图7-2　"领跑者"基地单晶、
多晶光伏组件使用情况

图7-3　"领跑者"基地72片电池片组件、
60片电池片组件使用情况

　　60片电池片组件和72片电池片组件分别由60片、72片电池片串联封装构成，而单个电池片最大输出功率基本一致，采用更多电池片封装技术的光伏组件单体功率更大，在建设相同装机容量光伏发电系统时所需使用的组件数量相对较少，因此组件间连接点以及所需的连接线缆也都相对减少，可在一定程度上降低系统整体损耗。但是，72片电池片组件单体面积较大（通常为1.936m²）、重量沉，搬运与安装的难度较60片电池片组件大，因此在坡度较大的山地以及屋顶应用场景下，常选用60片电池片组件。

　　根据国能综新能〔2015〕51号文件要求，"领跑者"先进技术产品应达到以下指标：单晶硅光伏组件转换效率达到17％以上，多晶硅光伏组件转换效率达到16.5％以上。山西大同"领跑者"光伏电站中所用组件，都需要达到该文件的要求。

　　60片电池片光伏组件的面积为1.637m²，按照上述文件要求，该类型组件单晶硅功率通常需要达到278W以上，多晶硅组件功率通常需要达到270W以上。

　　72片电池片光伏组件的面积为1.936m²，按照上述文件要求，该类型组件单晶硅功率通常需要达到329W以上，多晶硅组件功率通常需要达到319W以上。

　　"领跑者"基地光伏组件的功率分布如图7-4所示，在60片组件中，使用最多的为280W的单晶硅组件和270W的多晶硅组件；在72片中，使用最多的为330W的单晶硅组件和320W的多晶硅组件。

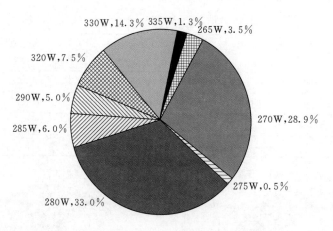

图 7-4　"领跑者"基地光伏组件的功率分布

7.2.1.2　组件技术统计

"领跑者"基地内部光伏组件采用多种技术以提升组件运行性能，采用技术涵盖了当前光伏组件市场主流的高新技术，主要种类包括：PERC 技术、双玻技术、N 型双玻双面技术、黑硅技术、5 栅线技术、无主栅技术等，各类组件所用技术占比如图 7-5 所示。

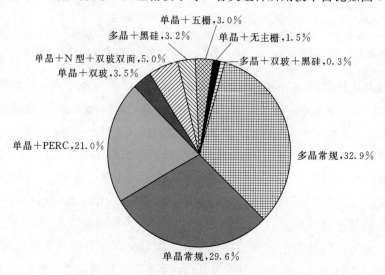

图 7-5　"领跑者"基地各类组件所用技术占比

7.2.2　实证平台光伏逆变器

7.2.2.1　逆变器类型及配置

逆变器实证测试区包含 0.5MW 组串式逆变器方阵和 0.5MW 集散式逆变器方阵。0.5MW 组串式逆变器方阵配置 5 种组串式逆变器，0.5MW 集散式逆变器子方阵配置集散式逆变器和 6 台智能直流汇流箱。其中组串式逆变器额定功率均为 50kW，集散式逆变器额定功率为500kW。

实证平台各逆变器MPPT通道数量见表7-2。

表7-2 实证平台各逆变器MPPT通道数量

逆变器	MTTP1	MPPT2	MPPT3	MPPT4
A	2	2	2	2
B	3	3	2	—
C	4	4	—	—
D	3	3	2	—
E	2	3	3	1
F	4	4	4	4

7.2.2.2 逆变器实证区组件类型及配置容量

实证平台逆变器测试区配置了晶科270W组件。基地实证区配置同一种组件，实现直流侧在相同组件条件下对于不同逆变器长期观测的目的。基地各逆变器直流侧接入组串数量统计（每台）见表7-3。

表7-3 逆变器直流侧接入组串数量统计（每台）

逆变器A	逆变器B	逆变器C	逆变器D	逆变器E	逆变器F
8串	8串	8串	8串	8串	91串

7.2.2.3 计量柜类型及数量

实证平台逆变器区按一台一柜原则，在各逆变器MPPT模块上级安装直流计量表，逆变器交流侧下级安装交流计量表，全场区内所有电表均经过计量，设备等级为0.5级。

7.3 户外实证结果分析

7.3.1 综合气象监测数据分析

7.3.1.1 全年气象资源概述

山西地处华北西部的黄土高原东翼，南北长约550km，东西宽约290km，全年日照约3000h，仅次于青藏高原和西北地区，是太阳能资源较丰富的地区之一。全省水平面年均辐射量为5020～6130MJ/m²，折合标准煤170～210kg/m²，高于同纬度的河北省、北京市、东北地区和山西以南各区域。根据大同气象站提供的1978—2007年30年间辐照量数据，大同地区太阳辐射分布年际变化基本稳定，其数值区间稳定在4800～6000MJ/m²，年平均太阳辐射量为5377.40MJ/m²，近10年间的年平均太阳辐射量为5313.57MJ/m²。30年间的年最大值出现在1993年，达5873.43MJ/m²，最小值出现在

1988 年，为 4802.63MJ/m²。

对于山西大同该区域 2017 年度的气象资源进行分析，该区域水平面全年累计辐照量为 5793.4MJ/m²，处于历史辐照量较高位置，最佳辐照角 37°下全年累计辐照量为 7242.3MJ/m²。水平面年日照小时数为 3261.41h，日均日照小时数为 8.94h，年峰值日照小时数为 1577.82h，日均峰值日照小时数为 4.32h。全年大于 120W/m² 平均辐照度为 578W/m²。该地区全年温度平均值为 10.1℃，最小值为 −17.8℃，中位值为 12.1℃，最大值为 36.8℃，在光伏系统工作时间内，最大运行小时数分段为 16～18℃。

采用支持向量机 SVM 对于气象数据进行分类，得到 2017 年度大同地区晴、多云、雨、雪四种天气情况的天数分别为 153 天、146 天、61 天、5 天，2017 年度大同天气分类统计如图 7-6 所示。

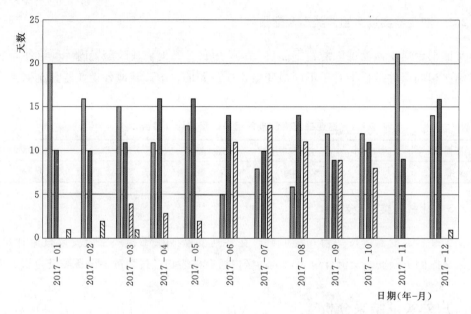

图 7-6　2017 年度大同天气分类统计

7.3.1.2　全年辐照统计

从 2017 年 1 月开始至 2017 年 12 月止，按月分析不同角度总辐照计累积辐照量，比较不同角度辐照计各月辐照量。5°全年累计辐照量为 5793.4MJ/m²，37°全年累计辐照量为 7242.3MJ/m²，40°全年累计辐照量为 7203.5MJ/m²，45°全年累计辐照量为 7181.4MJ/m²。

气象资源实证测试区 2017 年各月辐照量统计如图 7-7 所示。

可以看出，5°辐照量的峰值在六月份，呈单峰分布；37°、40°、45°的辐照量呈多峰分布，且每月不同角度间辐照量差距不大。在 10 月、11 月、12 月、1 月、2 月，辐照量随着角度变大而增加。在 3 月、4 月、5 月、6 月、7 月、8 月，辐照量随着角度变大而减小。

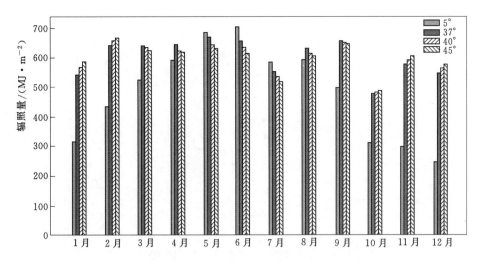

图 7-7　气象资源实证测试区 2017 年各月辐照量统计

从 2017 年 1 月开始至 2017 年 12 月止，按辐照度分段统计小时数，比较不同角度辐照度区间的小时数。为直观起见，去除了小时数占比最大的极低辐照度区域（0～120W/m²）。全年各角度辐照度小时数统计直方图如图 7-8 所示。

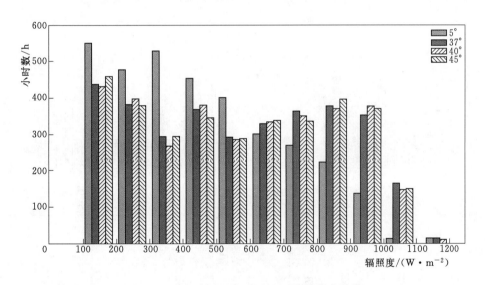

图 7-8　全年各角度辐照度小时数统计直方图

由图 7-8 可以看出，处于 5°时位于低辐照量区段 0～600W/m² 的日照小时数较多，处于 37°、40°、45°时在高辐照量 400～1000W/m² 的日照小时数较多。

取夏至日和冬至日，绘制当日辐照度随时间变化曲线，如图 7-9 所示。

可以看出，夏至日 5°和 37°辐照度几乎不变，冬至日 5°辐照度明显低于 37°辐照度。夏至日辐照起始时间和终止时间分别比冬至日早 2h 和晚 2h，夏至日整体日照时间比冬至日多约 4h。

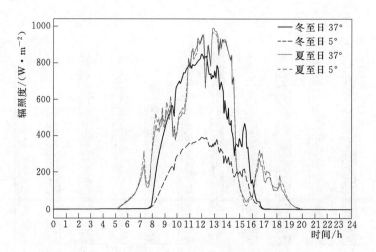

图 7 - 9　夏至日、冬至日辐照度随时间变化曲线

7.3.1.3　各月辐照统计

绘制全年 1—12 月的辐照度分段小时数直方图，如图 7 - 10 所示，根据气象台日照小时数统计标准，其中辐照度小于 120W/m² 的未予统计。

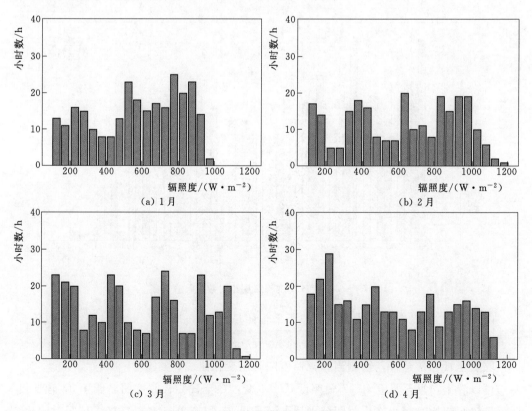

图 7 - 10（一）　各月辐照度分段小时数

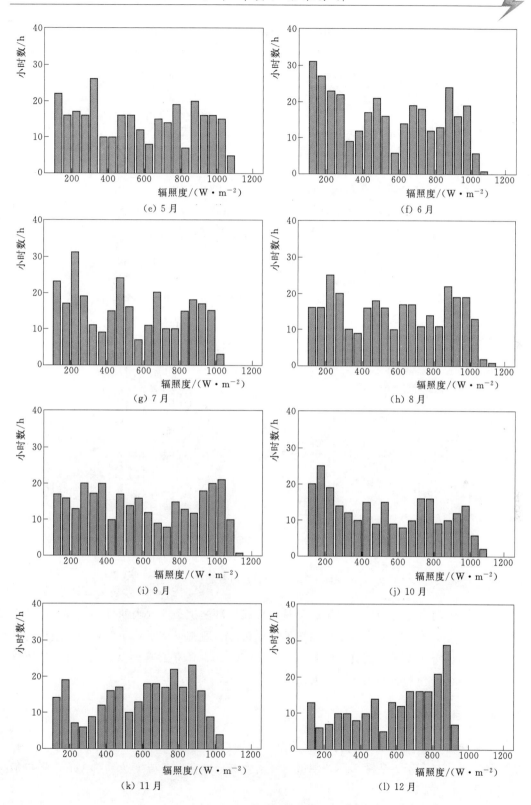

图 7-10 （二） 各月辐照度分段小时数

各月辐照小时数呈现低辐照和高辐照双峰分布，随着月份变化，低辐照小时数上升较大，其原因推测为：大同地区天气较为稳定，不存在大雾或长期阴雨天气，因此中、高辐照每天持续时间较为稳定（800～1000W/m² 每月出现均为 50h 左右），而受太阳运动影响，夏季日照时间较长，使得低辐照部分小时数上升较快。

7.3.1.4 全年日照时数统计

日照时数是指在某个地点，一天当中太阳光达到一定的辐照度（一般以气象台测定的 120W/m² 为标准）时一直到大于此辐照度所经过的小时数。

从 2017 年 1 月开始，统计最佳倾角下各月日照时长，全年日照时数趋势如图 7-11 所示。可以看出，随着时间变化，日照时长呈现单峰走势，从 2 月开始上升，至 6 月达到顶点，随后至 12 月开始下降。6 月最高日照时长为每日 11.5h，12 月最低日照时长为每日 7h。

该地区全年累计日照时数为 3261h，日均日照时数为 8.93h。全年各月日照时数呈单峰分布，其中 4 月、6 月、8 月日照时数相较相邻月份较高。

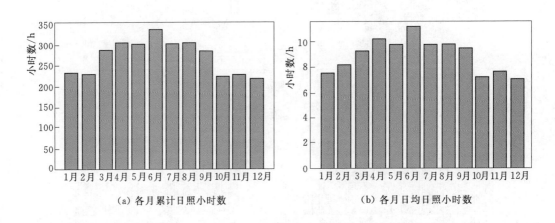

（a）各月累计日照小时数　（b）各月日均日照小时数

图 7-11　全年日照时数趋势

峰值日照时数是将当地的太阳辐射量折算成标准测试条件（辐照度 1000W/m²）下的小时数。在计算太阳能光伏发电系统的发电量时一般都采用平均峰值日照时数作为参考值。该地区全年累计峰值日照时数为 1577.82h，日均峰值日照时数为 4.32h。全年峰值日照时数的变化趋势如图 7-12 所示。

7.3.1.5 全年温度统计

2017 年 3—12 月，统计每月的最低温度、平均温度及最高温度，得到全年温度趋势，如图 7-13 所示。从图 7-13 中可以看出，该地区在 7 月温度达到最大值，昼夜最大温差为 20～25℃。

对于全年各温度段小时数进行统计，得到该地区全年温度平均值为 10.1℃，最小

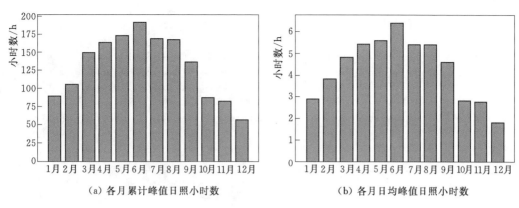

（a）各月累计峰值日照小时数　　　　　　（b）各月日均峰值日照小时数

图 7-12　全年峰值日照时数的变化趋势

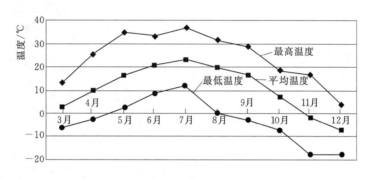

图 7-13　全年温度趋势

值为 -17.8℃，中位值为 12.1℃，最大值为 36.8℃，在光伏组件发电过程中，其工作温度区间最常见为 $16\sim18$℃。2017 年全年温度直方图如图 7-14 所示。

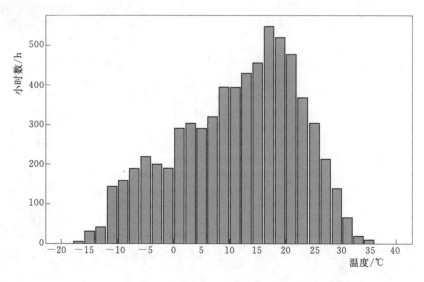

图 7-14　2017 年全年温度直方图

7.3.1.6　各月温度统计

绘制 3—12 月温度分段小时数直方图，如图 7-15 所示，从图 7-15 中可以直观看出全年温度分布变化趋势。

由图 7-15 中可以看出，在各月中，温度频次基本呈现单峰分布，前半年随着月份变化（3—7 月），温度峰值也随之升高，后半年随着月份变化（8—12 月），温度峰值随之降低。

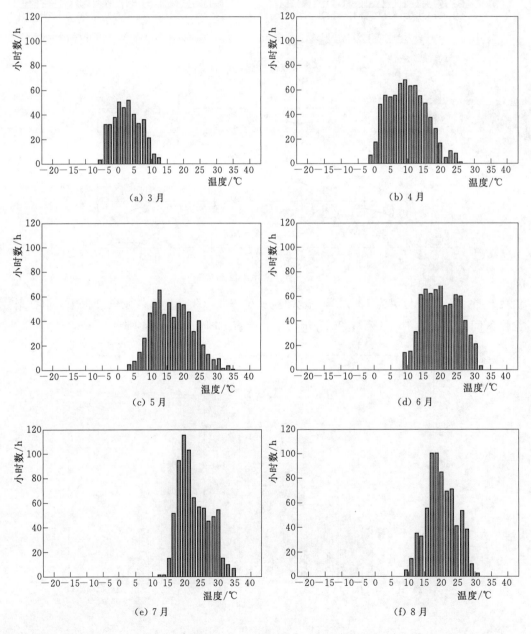

图 7-15（一）　3—12 月温度分段小时数直方图

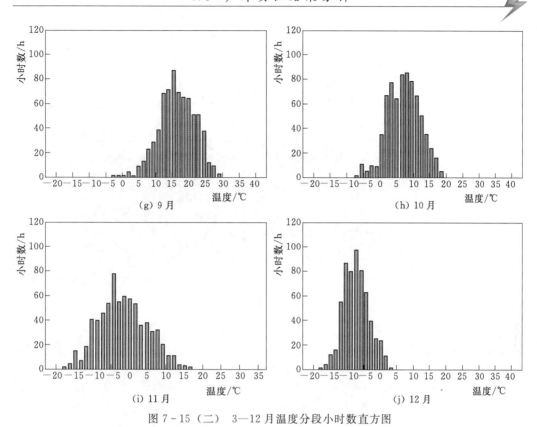

(g) 9 月

(h) 10 月

(i) 11 月

(j) 12 月

图 7 - 15（二） 3—12 月温度分段小时数直方图

7.3.1.7 全年湿度统计

2017 年 3—12 月，统计每月的最低相对湿度、平均相对湿度及最高相对湿度，绘制全年相对湿度变化趋势，结果如图 7 - 16 所示。2017 年全年相对湿度统计直方图如图 7 - 17 所示。

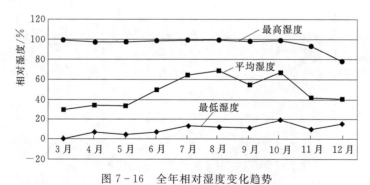

图 7 - 16 全年相对湿度变化趋势

7.3.1.8 全年风速统计

2017 年 3—12 月，统计每月的最低风速、平均风速及最高风速，全年风速变化趋势如图 7 - 18 所示，可以看出，全年平均风速为 2m/s 左右，5 月平均风速最高。统计

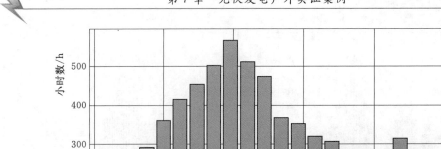

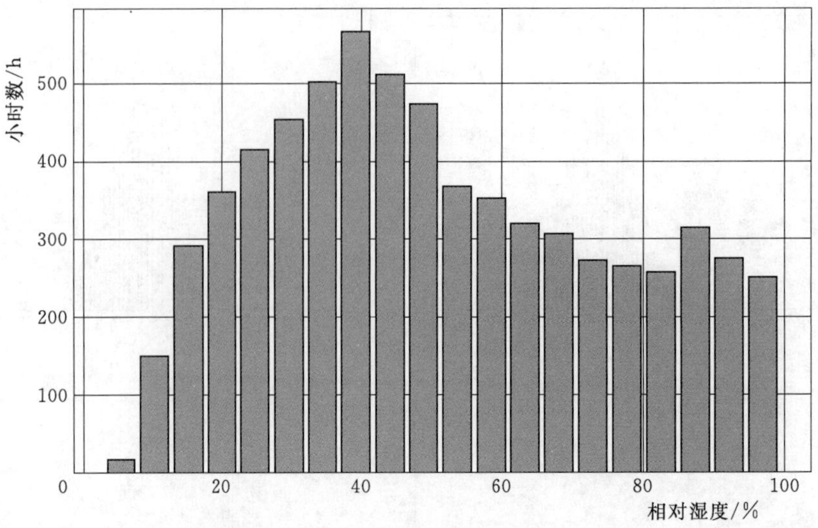

图 7 - 17　2017 年全年相对湿度统计直方图

全年风速得到 2017 年全年风速统计直方图（图 7 - 19），由图 7 - 19 可以看出大部分时间段该地区风速为 1～3m/s。

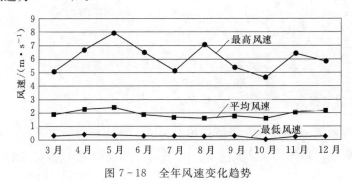

图 7 - 18　全年风速变化趋势

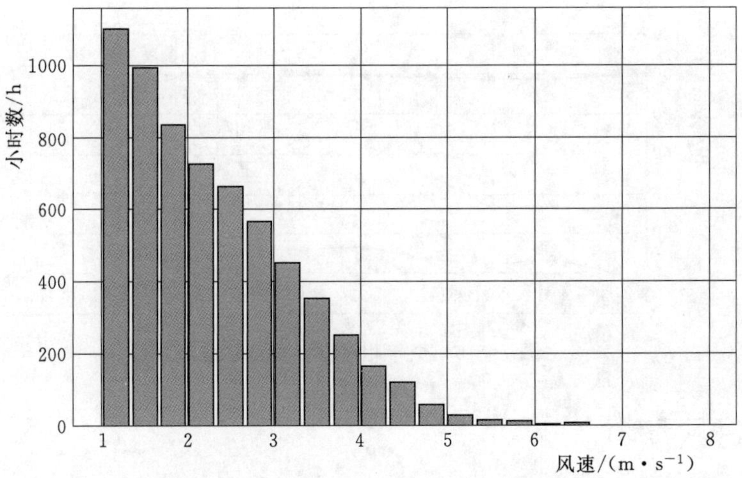

图 7 - 19　2017 全年风速统计直方图

7.3.1.9 各月风速统计

绘制全年各月的风速方向玫瑰图。各月风速方向玫瑰图如图7-20所示。由图7-20

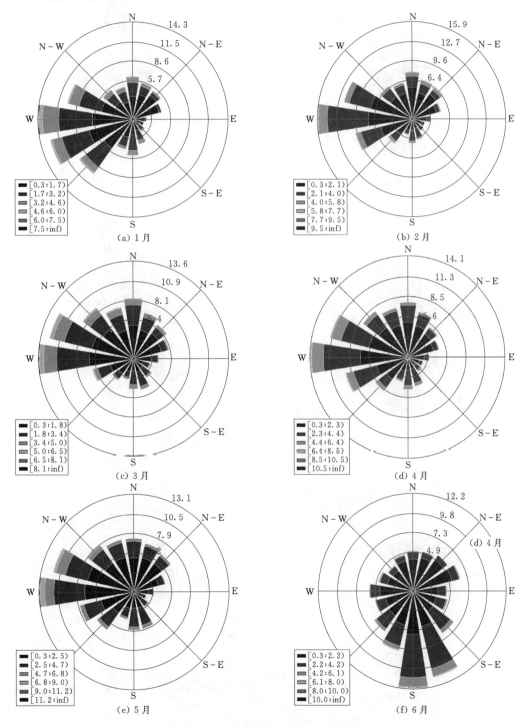

图7-20（一） 各月风速方向玫瑰图

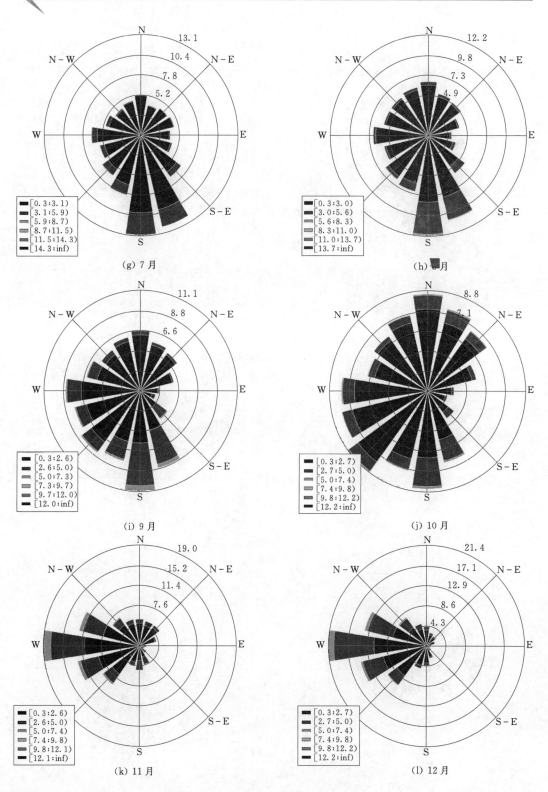

图 7-20（二） 各月风速方向玫瑰图

可以看出，该地区1—5月主要以西风为主，6—8月主要以南风为主，9月、10月主要以西南风为主，11月、12月主要以西风为主。

7.3.1.10 光伏组件运行环境统计

以当地最佳倾角（37°）为例，分析几个月内运行环境参数变化，以工作环境温度和NOCT点相对位置区分，将全年分为低温月与中高温月，37°倾角低温月份运行环境对比（3月、4月、10月、11月、12月）如图7-21所示。

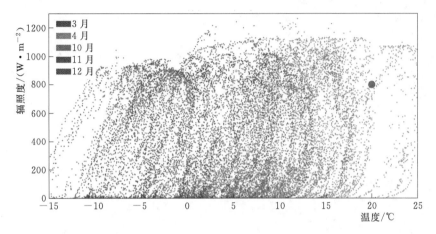

图7-21 37°倾角低温月份运行环境对比（3月、4月、10月、11月、12月）

由图7-21可看出，从12月至次年4月，整体运行温度上升，且大部分低于NOCT点的20℃。这些月份辐照度分布较为均匀，没有明显集中现象。

37°倾角中高温月份运行环境对比（5月、6月、7月、8月、9月）如图7-22所示。

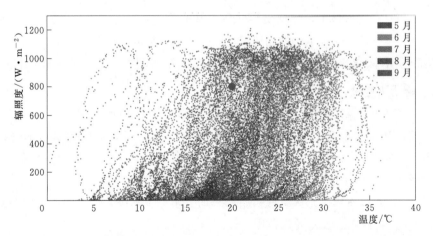

图7-22 37°倾角中高温月份运行环境对比（5月、6月、7月、8月、9月）

由图7-22可看出，5—9月整体运行温度先上升后下降，7月份到达温度峰值，温度大部分在15℃以上，其中6月、7月、8月低辐照点密集程度有所增加，其主要原因为夏季日照时间增加，使得这些月份低辐照辐照度增加。

选取 5°和 37°倾角安装的光伏组件月际运行环境数据，计算每个月的辐照度与温度均值，辐照度滤除了辐照度小于 120W/m² 的数据点，得到各月平均辐照温度图，如图 7-23 所示。其中 1 月和 2 月温度数据未在图中给予显示。

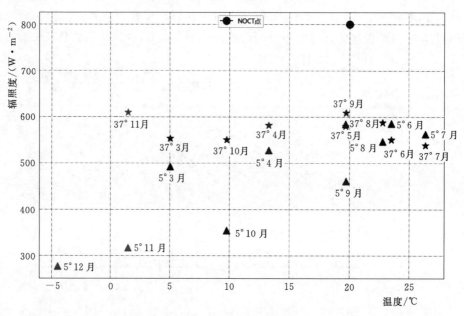

图 7-23　各月平均辐照温度图

7.3.2　光伏组件长期性能分析

7.3.2.1　光伏组件发电性能分析

在光伏组件运行区域中，针对 32 种共 132 块光伏组件进行实证运行数据的分析比较，横向对比其发电性能。实证电站的光伏组件对应的不同倾角安装角度分为 4 部分，分别为 5°安装倾角的组件、36°安装倾角的组件、45°安装倾角的组件和 40°安装倾角的组件。

1. 初始功率测试

在光伏组件生产制造过程中，其功率通常与标称功率之间存在偏差，为此，在进行光伏组件实证测试前，首先采用光伏组件 STC 移动测试车对组件初始功率进行检测。经现场 STC 测试，被测光伏组件初始功率均大于其标称功率，光伏组件初始功率偏差统计图如图 7-24 所示。

由图 7-24 可以看出，光伏组件初始功率均大于标称功率，通常偏差集中在 0.5%～2%，符合光伏组件制造公差允许范围。

2. 组件发电量和满发小时数

5°固定倾角安装的组件累计发电量统计图如图 7-25 所示，从图 7-25 中可以看出，在 5°安装倾角下，光伏组件发电量与其标称功率相关。

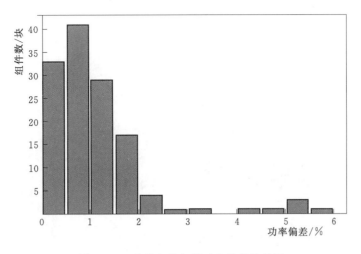

图 7-24 光伏组件初始功率偏差统计图

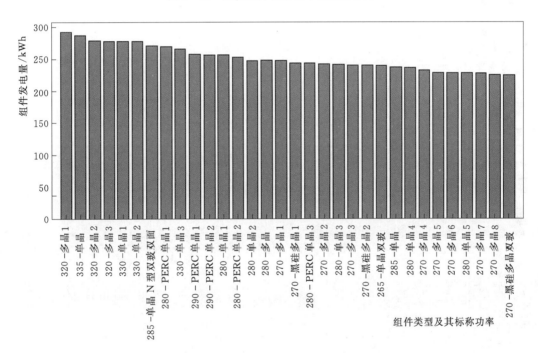

图 7-25 5°固定倾角安装的组件累计发电量统计图

为对比各组件发电性能，采用日均满发小时数作为评价指标，5°安装倾角下，各组件日均满发小时数如图 7-26 所示。

由图 7-27 可以看出，在 5°倾角下，285-单晶 N 型双玻双面组件日均满发小时数最长，高于均值 0.35h。采用单晶 PERC 技术光伏组件平均日均满发小时数略高于其他技术光伏组件。

测试平台所有 37°倾角安装的光伏组件累计发电量及等效满发小时数。37°固定倾角安装的组件累计发电量对比如图 7-27 所示。37°固定倾角安装的组件日均满发小时数

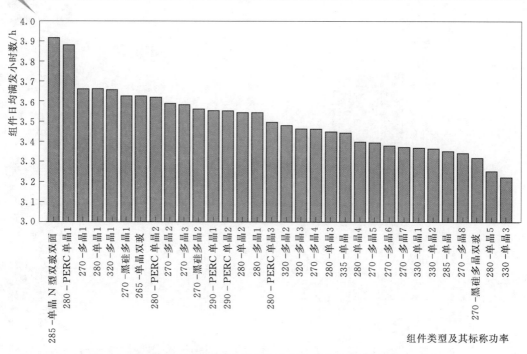

图 7-26　5°固定倾角安装的组件日均满发小时数

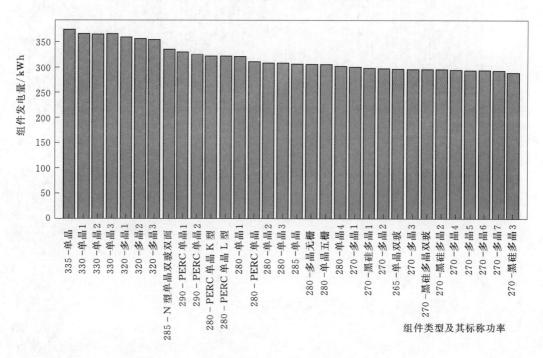

图 7-27　37°固定倾角安装的组件累计发电量对比

对比如图 7-28 所示。

由图 7-28 可以看出,在 37°倾角下,仍然是 285-单晶 N 型双玻双面组件日均满发小时数最高,高于平均值 0.25h。采用单晶 PERC 技术光伏组件平均日均满发小时数略

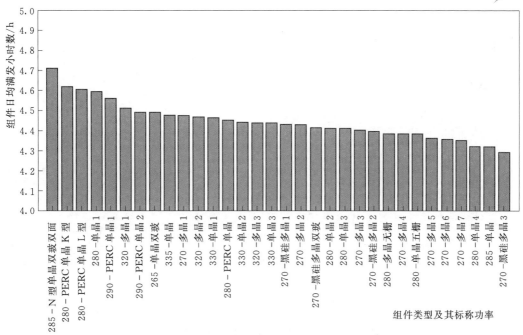

图 7-28　37°固定倾角安装的组件日均满发小时数对比

高于其他技术光伏组件。

　　45°固定倾角安装的组件累计发电量如图 7-29 所示。45°固定倾角安装的组件日均满发小时数如图 7-30 所示。

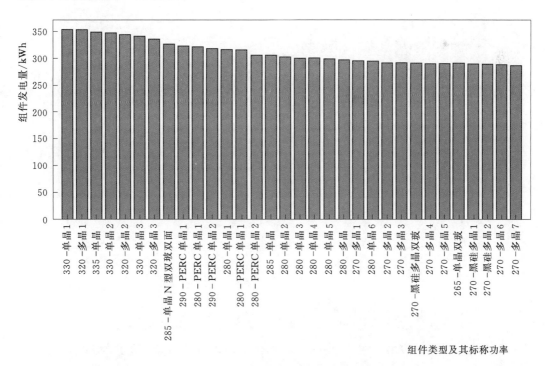

图 7-29　45°固定倾角安装组件累计发电量

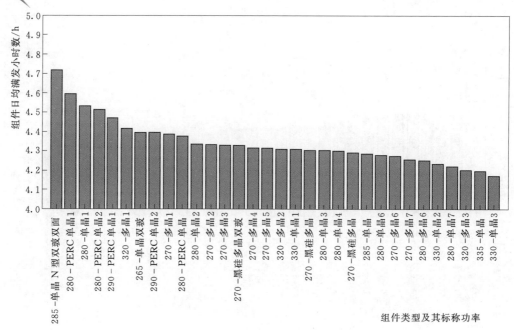

图 7-30　45°固定倾角安装的组件日均满发小时数

由图 7-30 可以看出，在 45°倾角下，285-单晶 N 型双玻双面组件日均满发小时数最高，高于平均值 0.4h。

40°固定倾角安装的光伏组件累计发电量及日均满发小时数如图 7-31 和图 7-32 所示。

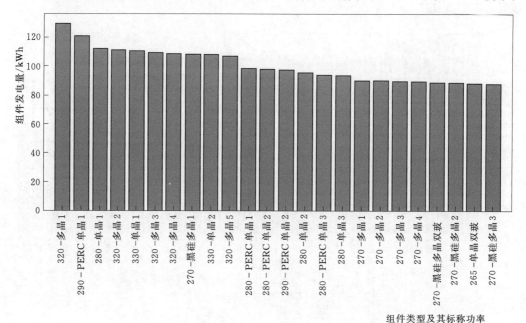

图 7-31　40°固定倾角安装的光伏组件累计发电量

由图 7-31 可以看出，在 40°倾角下，光伏组件发电量与光伏组件标称功率相关，为横向比较光伏组件发电性能，对比组件满发小时数。

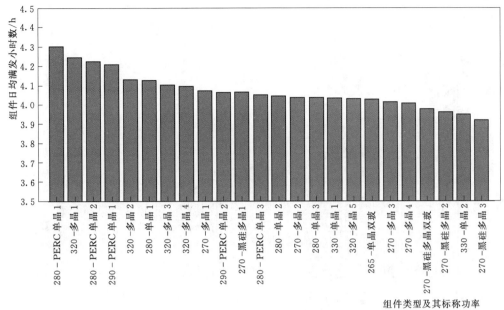

图 7-32 40°固定倾角安装的光伏组件日均满发小时数

由图 7-32 可以看出，在 40°倾角下，280-PERC 单晶组件日均满发小时数最高，高于平均值 0.25h。

从以上各角度组件对比图中可以看出，同一时间段内，对于单晶组件，采用双玻双面和 PERC 技术能使组件日均满发小时数提高，可有效增加组件发电量。

3. 组件发电能效比

采用最佳倾角 37°下的辐照度数据和组件发电数据进行组件能效比分析。光伏组件能效比（module performance ratio，MPR）定义为

$$MPR_T = \frac{E_T}{P_e h_T}$$

式中　E_T——在 T 时间段内组件发出的电量；

　　　P_e——光伏组件标称功率；

　　　h_T——在 T 时间段内组件接受的峰值日照时数（1000W/m²）。

采用光伏组件标称功率计算 MPR 排名，标称功率 3—11 月组件发电能效比排名如图 7-33 所示。

由图 7-33 可以看出，在相同时间内，285-N 型单晶双玻双面的光伏组件效率最高，采用 PERC 技术的组件效率也较为领先。组件 MPR 排名与 37°固定倾角安装的光伏组件满发小时数排名较为一致。

7.3.2.2　光伏组件衰减分析

对比光伏组件在运行过程中的衰减情况，将光伏组件运行约两年之后的最大功率与光伏组件标称最大功率进行对比，光伏组件功率衰减分布图如图 7-34 所示。

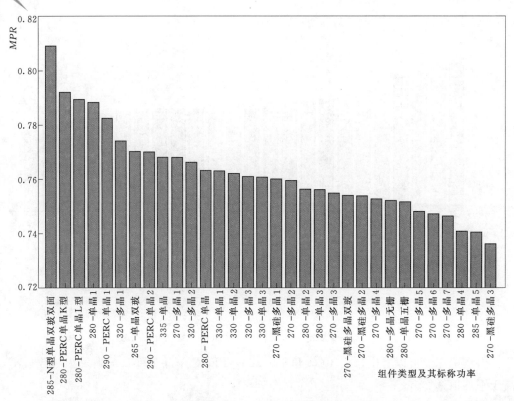

图 7 - 33　标称功率 3—11 月组件发电能效比排名

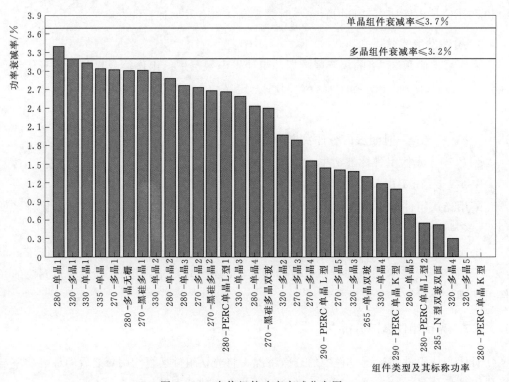

图 7 - 34　光伏组件功率衰减分布图

被测光伏组件已运行 2 年左右，按照国家能源局相关文件，单晶组件衰减应不大于 3.7%，多晶组件衰减率应不大于 3.2%。从图 7-34 中可以看出，所有单晶组件的功率衰减率均小于 3.7%，所有多晶组件的功率衰减率均小于 3.2%，单晶组件平均衰减率为 2.91%，多晶组件平均衰减率为 2.94%。

7.3.3 光伏组件性能参数分析

本节针对光伏组件性能参数进行分析，在分析过程中，为了使不同功率组件之间具备可比性，对其瞬时功率进行标幺化处理，主要对比了不同组件的各种性能参数，包括：①功率与辐照度关系；②背板环境温度差与辐照度关系；③功率与背板温度关系；④填充因子与背板温度关系；⑤开路电压及最大功率电压与背板温度关系；⑥短路电流及最大功率电流与背板温度关系。

其中，②中限定风速在 (1±0.5)m/s 范围内的数据点以保证各组件散热条件接近；③、④、⑤、⑥选取了辐照度在 (1000±50)W/m² 范围内，温度在 (25±1)℃ 范围内的数据点。

光伏组件性能参数提取如图 7-35 所示，总体来说，功率随辐照度呈线性正相关，

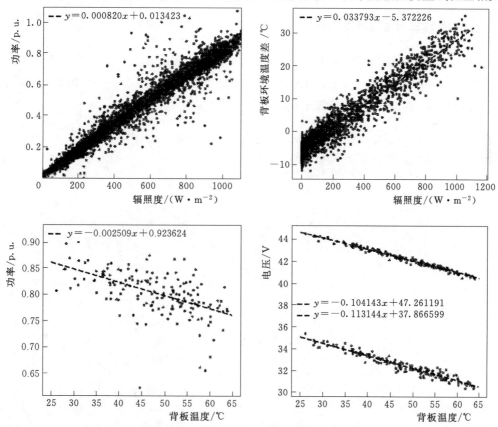

图 7-35（一）　光伏组件性能参数提取

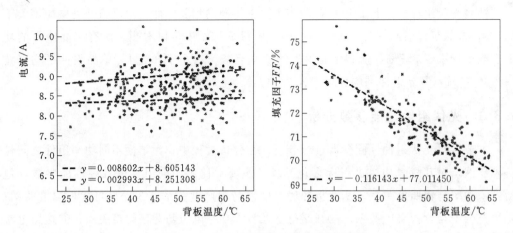

图 7-35（二）　光伏组件性能参数提取

背板环境温度差随辐照度呈线性正相关，功率随背板温度呈线性负相关，填充因子随背板温度呈负相关，电压随背板温度呈负相关，电流随背板温度几乎不变。

　　针对组件的不同类型，可以分为单晶组件、多晶组件、双玻组件及标称功率 280W 组件 4 组进行运行性能参数的比较。

7.3.3.1　单晶组件运行性能分析

　　选取具有代表性的 7 块不同型号的单晶组件进行横向对比，分别为 285-N 型单晶双玻双面、280-单晶 1、280-PERC 单晶 K 型、280-单晶 2、280-PERC 单晶 L 型、280-单晶五栅、330-单晶。单晶组件功率与辐照度关系对比如图 7-36 所示。

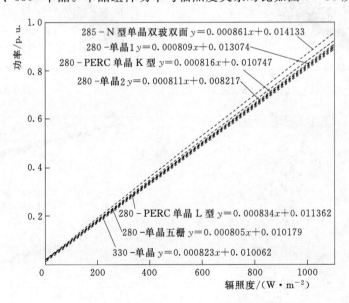

图 7-36　单晶组件功率与辐照度关系对比

　　如图 7-36 所示，在单晶组件中，随着辐照度升高 285-N 型单晶双玻双面组件功率上升最快，其次为采用 PERC 技术的单晶 L 电池片组件，其他单晶组件在低辐照范围内功率上升速率较为接近，在高辐照范围内略有差异。

单晶组件背板温度、环境温度差与辐照度关系如图 7-37 所示。

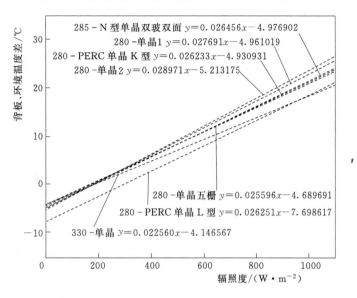

图 7-37　单晶组件背板温度、环境温度差与辐照度关系

如图 7-37 所示，在单晶组件中，随着辐照度升高 280 - 单晶 2 的背板温度与环境温度之差上升较快，其次为采用 PERC 技术的单晶组件，330 - 单晶背板与环境温度差随辐照度上升较慢。

单晶组件功率与背板温度关系如图 7-38 所示。

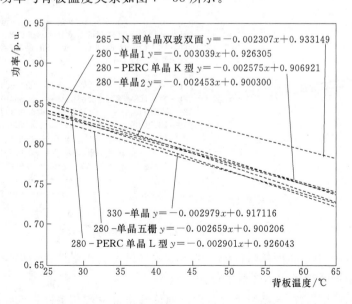

图 7-38　单晶组件功率与背板温度关系

如图 7-38 所示，在单晶组件中，随着背板温度上升，功率呈下降趋势，其中 285-N型单晶双玻双面组件功率下降较缓，其余各技术单晶组件随着背板温度上升，功率下降速率相近，功率下降区间低于双玻双面组件。

单晶组件填充因子与背板温度关系如图 7-39 所示。

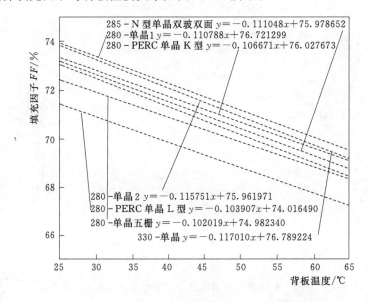

图 7-39 单晶组件填充因子与背板温度关系

如图 7-39 所示，在单晶组件中，随着背板温度上升，组件填充因子均呈下降趋势，下降斜率较为一致。330-单晶和 280-单晶 1 填充因子较高。

单晶组件 U_{OC}、U_{pp} 与背板温度关系如图 7-40 所示。

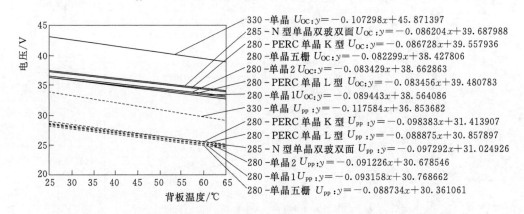

图 7-40 单晶组件 U_{OC}、U_{pp} 与背板温度关系

如图 7-40 所示，在单晶组件中，随着背板温度上升，组件开路电压 U_{OC} 和最大功率电压 U_{pp} 均呈下降趋势，下降斜率较为一致。

如图 7-41 所示，在单晶组件中，由于温度与组件电流相关性较低，随着背板温度上升，组件短路电流 I_{SC} 和最大功率电流 I_{pp} 温度变化较小，在测试温度范围内，电流变

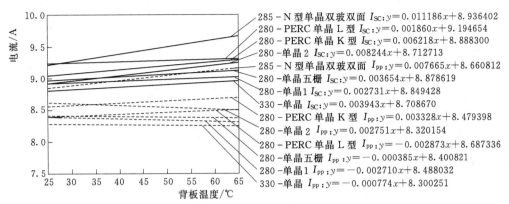

图 7-41　单晶组件 I_{SC}、I_{pp} 与背板温度关系

化不超过 5.5%。

7.3.3.2　多晶组件运行性能分析

选取具有代表性的 6 块不同型号的多晶组件进行横向对比，分别为 320-多晶、270-黑硅多晶1、270-黑硅多晶2、270-黑硅多晶3、270-黑硅多晶双玻、280-多晶无栅。多晶组件功率与辐照度关系如图 7-42 所示。

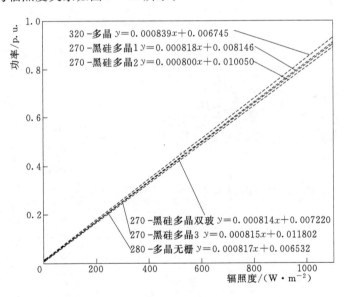

图 7-42　多晶组件功率与辐照度关系

如图 7-42 所示，在多晶组件中，随着辐照上升，各技术多晶硅光伏组件功率上升速率较为一致，仅在高辐照度上有较小差别。多晶组件背板、环境温度差与辐照度关系如图 7-43 所示。

如图 7-43 所示，在多晶组件中，随着辐照上升，320-多晶背板、环境温度差上升较快，其次为采用黑硅技术的多晶组件 1，270-黑硅双玻背板环境温度差随辐照度上

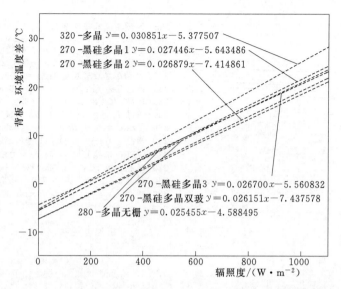

图 7 - 43　多晶组件背板温度、环境温度差与辐照度关系对比

升较慢。

多晶组件功率与背板温度关系如图 7 - 44 所示。

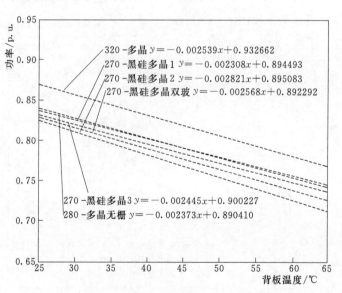

图 7 - 44　多晶组件功率与背板温度关系

如图 7 - 44 所示，在多晶组件中，随着背板温度上升，功率呈下降趋势，各单晶组件下降速率区别不大，其中 320 -多晶组件能维持在相对较高功率区间，其余组件功率低于 320 -多晶组件。

多晶组件填充因子与背板温度关系如图 7 - 45 所示。

如图 7 - 45 所示，在多晶组件中，随着背板温度上升，组件填充因子均呈下降趋势，下降斜率较为一致。320 -多晶的填充因子一直维持在一个较高区域。

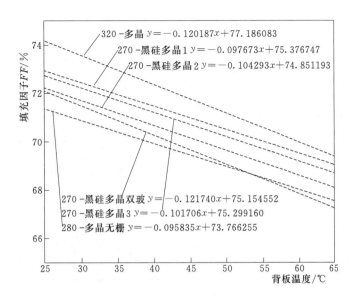

图 7-45 多晶组件填充因子与背板温度关系

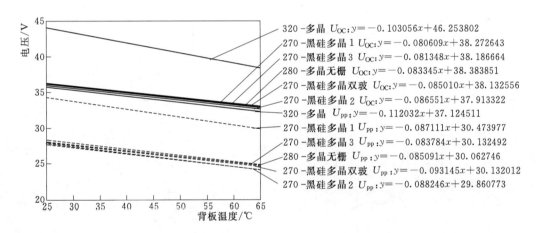

图 7-46 多晶组件 U_{OC}、U_{pp} 与背板温度关系

如图 7-46 所示，在多晶组件中，随着背板温度上升，组件开路电压 U_{OC} 和最大功率电压 U_{pp} 均呈下降趋势，下降斜率较为一致。

多晶组件 I_{SC}、I_{pp} 与背板温度关系如图 7-47 所示。

如图 7-47 所示，在多晶组件中，温度与组件电流相关性较低，在测试温度范围内，随着背板温度上升，组件短路电流 I_{SC} 和最大功率电流 I_{pp} 的变化范围不超过 4.5%。

7.3.3.3 双玻组件运行性能分析

选取具有代表性的 3 块不同型号的双玻组件进行横向对比，分别为 285-N 型单晶双玻双面、270-黑硅多晶双玻、265-单晶双玻。双玻组件功率与辐照度关系如图 7-48 所示。

如图 7-48 所示，在双玻组件中，随着辐照上升 285-N 型单晶双玻双面组件功率

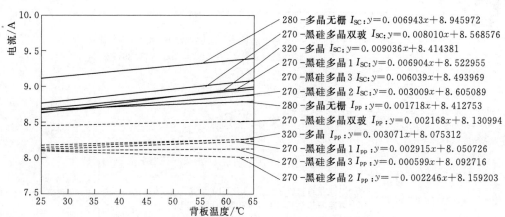

图 7-47　多晶组件 I_{SC}、I_{pp} 与背板温度关系

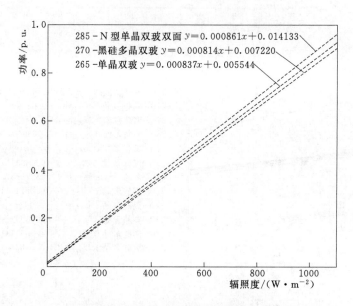

图 7-48　双玻组件功率与辐照度关系

上升最快，表明该组件对辐照有较好的响应能力。

　　双玻组件背板、环境温度差与辐照度关系如图 7-49 所示。

　　如图 7-49 所示，在双玻组件中，随着辐照上升 285-N 型单晶双玻双面组件背板与环境温度差上升较快，其次为 270-黑硅多晶双玻组件，265-单晶双玻背板与环境温度差随辐照度上升较慢。

　　双玻组件功率与背板温度关系如图 7-50 所示。

　　如图 7-50 所示，在双玻组件中，随着背板温度上升，功率呈下降趋势，各双玻组件下降速率区别不大，其中 285-N 型单晶双玻双面组件功率较高。

　　双玻组件填充因子与背板温度关系如图 7-51 所示。

　　如图 7-51 所示，在双玻组件中，随着背板温度上升，组件填充因子均呈下降趋

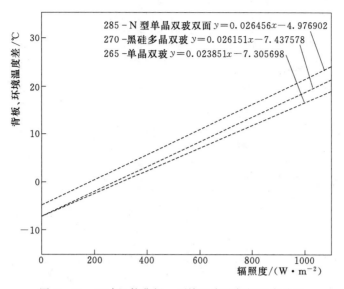

图 7-49 双玻组件背板、环境温度差与辐照度关系

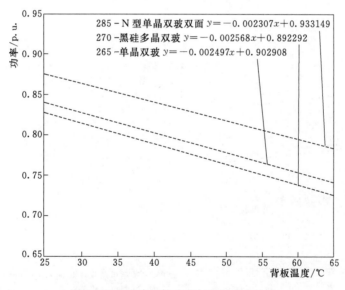

图 7-50 双玻组件功率与背板温度关系

势，下降斜率较为一致。

双玻组件 U_{OC}、U_{pp} 与背板温度关系如图 7-52 所示。

如图 7-52 所示，在双玻组件中，随着背板温度上升，组件开路电压 U_{OC} 和最大功率电压 U_{pp} 均呈下降趋势，下降斜率较为一致。

双玻组件 I_{SC}、I_{pp} 与背板温度关系如图 7-53 所示。

如图 7-53 所示，在双玻组件中，由于温度与组件电流相关性较低，随着背板温度上升，组件短路电流 I_{SC} 和最大功率电流 I_{pp} 均变化不大，在测试温度范围内，电流变化不超过 6.5%。

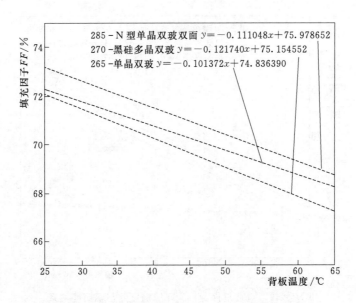

图 7-51　双玻组件填充因子与背板温度关系

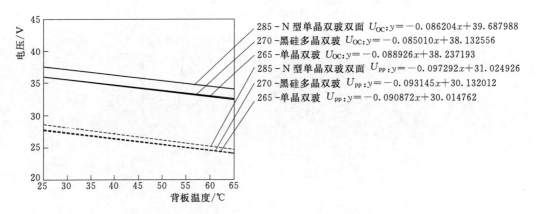

图 7-52　双玻组件 U_{OC}、U_{pp} 与背板温度关系

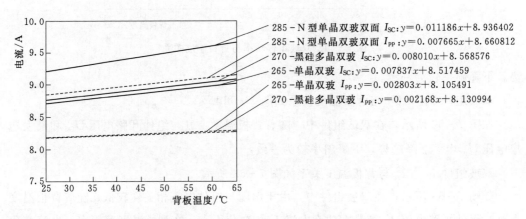

图 7-53　双玻组件 I_{SC}、I_{pp} 与背板温度关系

7.3.3.4 标称功率 280W 组件运行性能分析

选取具有代表性的 5 块不同型号的 280W 组件进行横向对比，分别为 280 - PERC 单晶 K 型、280 -单晶、280 - PERC 单晶 L 型、280 -单晶无栅、280 -多晶无栅。280W 组件功率与辐照度关系如图 7 - 54 所示。

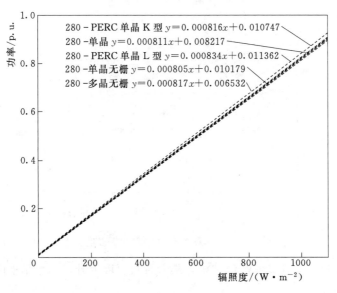

图 7 - 54　280W 组件功率与辐照度关系

如图 7 - 54 所示，在 280W 光伏组件中，采用 PERC 技术的光伏组件功率随辐照度上升较快，其他相同标称功率组件随辐照度上升速率基本一致。

如图 7 - 55 所示，在 280W 组件中，随着辐照上升 280 -单晶背板与环境温度差上

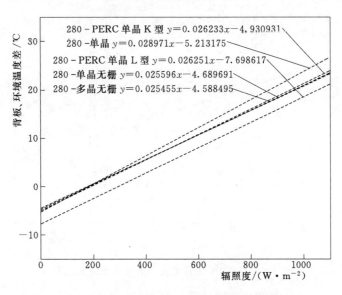

图 7 - 55　280W 组件背板、环境温度差与辐照度关系

升较快，其次为采用 PERC 技术的单晶组件。

280W 组件功率与背板温度关系如图 7-56 所示。

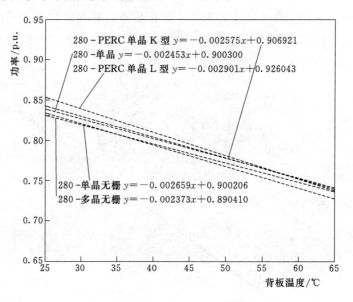

图 7-56 280W 组件功率与背板温度关系

如图 7-56 所示，在 280W 组件中，随着背板温度上升，功率呈下降趋势，各组件下降速率差别较小。

如图 7-57 所示，在 280W 组件中，随着背板温度上升，组件填充因子均呈下降趋势，下降斜率较为一致。

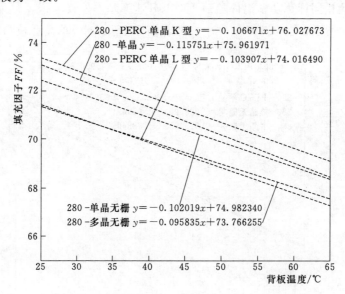

图 7-57 280W 组件填充因子与背板温度关系

280W 组件 U_{OC}、U_{pp} 与背板温度关系如图 7-58 所示。

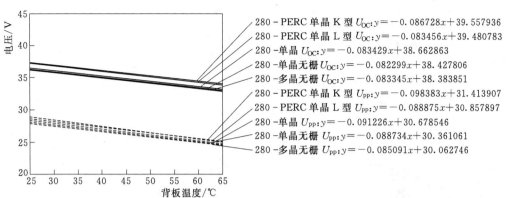

图 7-58　280W 组件 U_{OC}、U_{pp} 与背板温度关系

如图 7-58 所示，在 280W 组件中，随着背板温度上升，组件开路电压 U_{OC} 和最大功率电压 U_{pp} 均呈下降趋势，下降斜率较为一致。

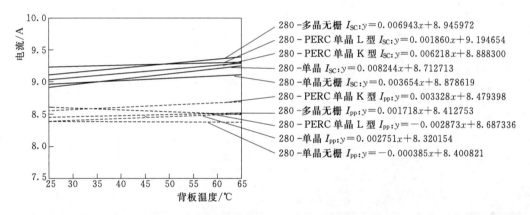

图 7-59　280W 组件 I_{SC}、I_{pp} 与背板温度关系

如图 7-59 所示，在 280W 组件中，温度与组件电流相关性较低，随着背板温度上升，组件短路电流 I_{SC} 和最大功率电流 I_{pp} 均变化不大，在测试温度范围内，电流变化不超过 3.5%。

7.3.4　光伏组串一致性数据分析

针对各方阵的光伏组串抽取一定容量，配置多通道光伏组串 I-U 测试仪实现对多个汇流单元的长期 I-U 特性在线测试和记录，结合气象平台的同步气象参数进行分析，可评估各光伏组串的发电能力、发电效率、失配率等特性，为光伏组串的现场测试、评价和规范标准提供数据支撑。

在光伏组串一致性实证测试平台中，对部分汇流箱的组串一致性进行测试，并计算光伏组串的并联失配率，对 01 汇流箱内各光伏组串进行并联失配测试，输出功率测试结果见表 7-4，数值均为 STC 情况下得到。输出功率分布如图 7-60 所示。

表 7 - 4　　　　　　　　**01 汇流箱各光伏组串输出功率测试结果**

序号	U_{OC}/V	I_{SC}/A	U_m/V	I_m/A	P_m/W
01 汇流箱	885.99	124.68	683.91	112.42	76885.16
16 串	901.17	7.63	693.75	7.01	4863.21
15 串	897.27	7.48	693.41	6.99	4846.90
14 串	901.72	7.62	702.29	7.01	4923.07
13 串	901.02	7.5	699.08	6.76	4725.75
12 串	899.92	7.61	727.20	6.63	4821.34
11 串	897.90	7.53	699.29	6.8	4755.16
10 串	900.20	7.61	692.96	6.89	4774.46
9 串	900.07	7.48	683.00	6.87	4692.20
8 串	908.47	7.68	693.91	7.07	4905.95
7 串	906.85	7.46	714.62	6.97	4980.92
6 串	905.38	7.63	679.67	7.15	4859.63
5 串	907.04	7.59	700.07	6.99	4893.45
4 串	910.01	7.7	720.68	6.73	4850.14
3 串	903.85	7.53	699.42	6.81	4763.08
2 串	911.06	7.66	705.96	7.06	4984.08
1 串	904.88	7.6	696.53	6.88	4792.14
均值	903.56	7.58	699.16	6.91	4831.20
均方差	4.14	0.07	12.01	0.14	83.22
并联失配率					0.70%

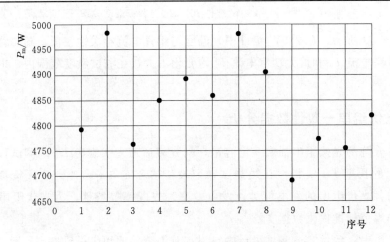

图 7 - 60　01 汇流箱各光伏组串输出功率分布

对 02 汇流箱内各光伏组串进行并联失配测试,输出功率测试结果见表 7 - 5,数值均为 STC 情况下得到。输出功率分布如图 7 - 61 所示。

表 7 - 5　　　　　　　　　　　**02 汇流箱各光伏组串输出功率测试结果**

序号	U_{OC}/V	I_{SC}/A	U_{m}/V	I_{m}/A	P_{m}/W
05 汇流箱	885.77	113.2	681.30	101.95	69460.74
14 串	861.56	8.01	664.05	7.34	4876.66
13 串	885.76	7.84	683.60	7.17	4903.80
12 串	887.95	8.05	693.32	7.27	5041.01
11 串	870.20	7.83	676.81	7.35	4972.10
10 串	889.13	7.98	694.34	7.4	5138.24
9 串	886.03	7.95	690.86	7.19	4965.44
8 串	880.28	7.96	692.66	7.29	5049.59
7 串	875.81	7.75	687.40	7.18	4935.80
6 串	876.39	7.87	681.67	7.39	5039.69
5 串	873.19	7.78	689.65	7.11	4904.70
4 串	864.06	8.02	668.64	7.45	4978.91
3 串	873.64	7.87	697.91	7.11	4963.78
2 串	872.66	8.03	686.63	7.37	5059.79
1 串	851.85	7.93	656.55	7.27	4771.55
均值	874.89	7.92	683.15	7.28	4971.50
均方差	10.37	0.09	11.94	0.11	88.89
并联失配率					0.20%

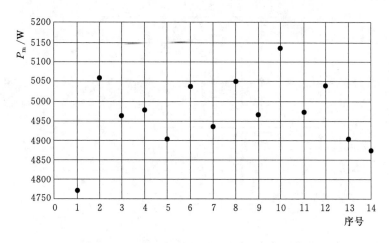

图 7 - 61　02 汇流箱各光伏组串输出功率分布

对 03 汇流箱内各光伏组串进行并联失配测试，输出功率测试结果见表 7 - 6。输出功率分布如图 7 - 62 所示。

表 7 - 6 03 汇流箱各光伏组串输出功率测试结果

序号	U_{OC}/V	I_{SC}/A	U_m/V	I_m/A	P_m/W
06 汇流箱	890.39	124.85	718.91	113.38	81506.72
16 串	864.46	7.57	705.51	7.18	5067.64
15 串	885.32	7.32	715.32	7.06	5051.28
14 串	889.14	7.51	717.47	7.25	5201.04
13 串	885.99	7.37	713.21	6.98	4975.53
12 串	893.99	7.45	733.12	7.05	5168.82
11 串	888.58	7.34	726.02	7.07	5132.44
10 串	892.13	7.65	738.79	7.12	5257.77
9 串	885.15	7.47	726.74	7.07	5137.58
8 串	889.26	7.64	709.61	7.38	5237.53
7 串	871.65	7.38	704.25	7.12	5012.38
6 串	875.70	7.67	726.08	7.15	5188.21
5 串	886.71	7.45	725.40	6.93	5027.54
4 串	890.13	7.52	730.83	7.13	5208.47
3 串	886.33	7.42	722.42	7.02	5073.20
2 串	897.67	7.53	744.24	7.14	5310.99
1 串	890.16	7.47	730.85	6.95	5078.62
均值	885.77	7.49	723.12	7.1	5133.06
均方差	8.20	0.11	11.14	0.11	93.81
并联失配率					0.76%

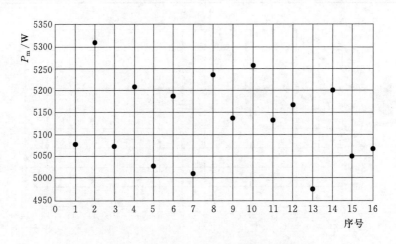

图 7 - 62　03 汇流箱各光伏组串输出功率分布

对 04 汇流箱内各光伏组串进行并联失配测试,输出功率测试结果见表 7 - 7。输出功率分布如图 7 - 63 所示。

表 7 - 7 04 汇流箱各光伏组串输出功率测试结果

序号	U_{OC}/V	I_{SC}/A	U_m/V	I_m/A	P_m/W
09 汇流箱	887.70	122.07	695.08	108.01	75074.12
16 串	881.33	7.28	703.32	6.7	4710.89
15 串	881.85	7.15	688.62	6.56	4518.75
14 串	881.88	7.46	710.73	6.73	4781.43
13 串	879.68	7.3	720.50	6.57	4734.81
12 串	886.42	7.42	717.18	6.83	4901.01
11 串	880.61	7.26	687.60	6.69	4598.69
10 串	885.69	7.44	702.32	6.73	4723.91
9 串	883.61	7.41	662.37	6.98	4624.99
8 串	884.24	7.44	697.49	6.87	4791.32
7 串	880.84	7.19	697.49	6.61	4611.47
6 串	890.49	7.52	707.86	6.95	4921.61
5 串	891.29	7.39	689.66	6.82	4703.86
4 串	890.09	7.4	702.23	6.83	4796.39
3 串	883.41	7.29	715.56	6.72	4806.17
2 串	884.63	7.37	708.51	6.79	4813.81
1 串	882.66	7.3	682.13	6.87	4685.83
均值	884.30	7.35	699.59	6.77	4732.81
均方差	3.52	0.1	14.50	0.12	105.91
并联失配率					0.86%

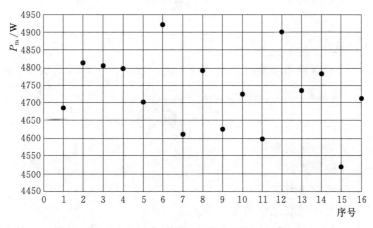

图 7 - 63 04 汇流箱各光伏组串输出功率分布

7.3.5 光伏逆变器实证数据分析

7.3.5.1 逆变器发电性能分析

1. 累计发电量

使用电能表测量数据，逆变器本身数据由于各个厂商的设置不同，发电量记录存在偏差，采用第三方电表进行统一测量。对比时长统一选取为 2017 年 5 月 12 日—7 月 17 日。

不同逆变器累计发电量比较如图 7 - 64 所示，可以看出，逆变器交流侧发电量和光伏阵列直流侧输出呈现正相关，其中光伏阵列直流侧输出电量高的逆变器发电量高。

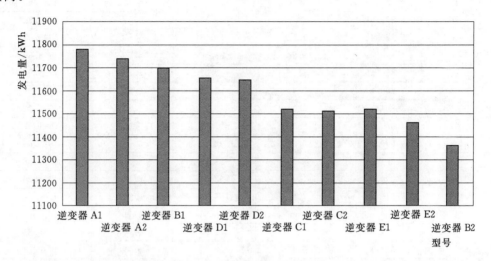

图 7 - 64　不同逆变器累计发电量比较

影响逆变器发电量因素有很多，例如运行时长、逆变器自身 MPPT 控制策略、光伏组件数量等。

2. 满发小时数

为了横向比较不同逆变器某时段的发电性能，定义逆变器日均满发小时数为

$$FHR_{day} = \frac{E_t / P_e}{\Delta T}$$

式中　E_t——该时段累计发电量，kWh；

$\quad\quad P_e$——逆变器额定功率，kW；

$\quad\quad \Delta T$——统计时段天数；

FHR_{day}——日均满发小时数，h。

逆变器日均满发小时数比较如图 7 - 65 所示。

从图 7 - 65 可以看出，集散式逆变器的日均满发小时数高于组串式逆变器。结合逆变器效率分析及阴影分析，虽然逆变器 C1、C2 的转换效率较高，但是由于组件实证区部分组件受阴影影响，其日均满发小时数偏低。其余逆变器的日均满发小时数与通过转换效率分析的结果一致。

7.3.5.2　逆变器效率分析

1. 瞬时转换效率

针对组串式逆变器进行横向效率对比分析。定义逆变器瞬时效率为单位时间段内逆

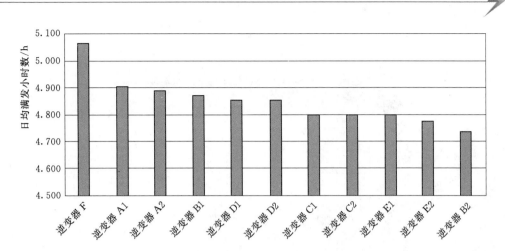

图 7-65 逆变器日均满发小时数比较

变器交流侧输出功率除以逆变器直流测输入功率，功率采样时间间隔为 5min，效率重采样时间间隔为 30min。9 种不同型号组串式逆变器不同电压的瞬时效率—功率特性分别如图 7-66～图 7-74 所示。

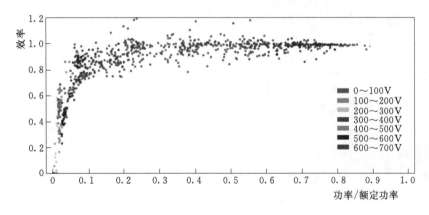

图 7-66 逆变器 A1 不同电压效率—功率图

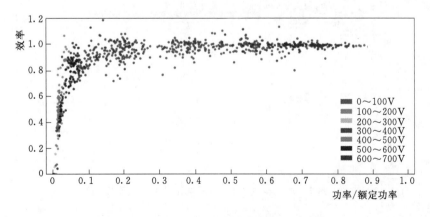

图 7-67 逆变器 B1 不同电压效率—功率图

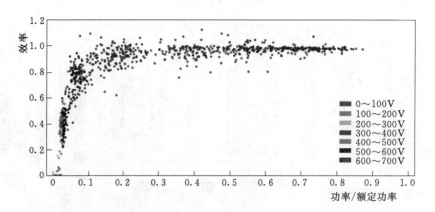

图 7 - 68　逆变器 B2 不同电压效率—功率图

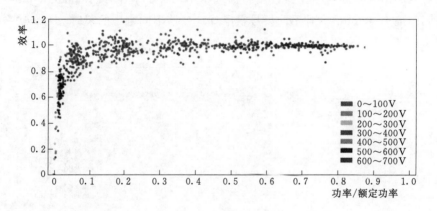

图 7 - 69　逆变器 C1 不同电压效率—功率图

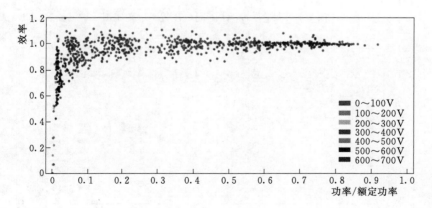

图 7 - 70　逆变器 C2 不同电压效率—功率图

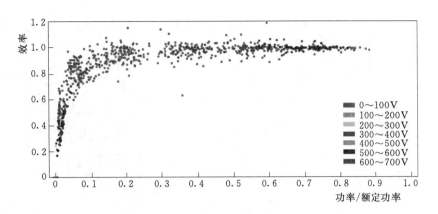

图 7-71 逆变器 D1 不同电压效率—功率图

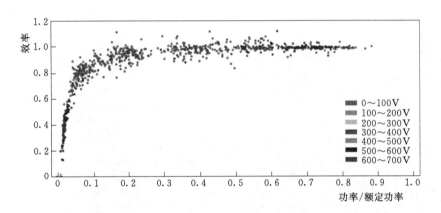

图 7-72 逆变器 D2 不同电压效率—功率图

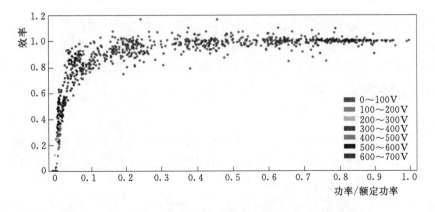

图 7-73 逆变器 E1 不同电压效率—功率图

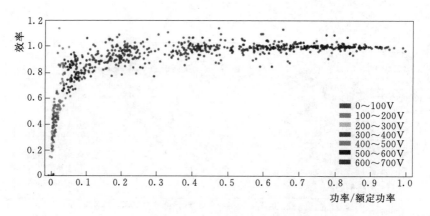

图 7-74　逆变器 E2 不同电压效率—功率图

对这 9 种不同型号组串式逆变器的瞬时效率进行分段统计，结果见表 7-8。

表 7-8　　　　　　　　　　　逆变器分功率段效率统计

功　率　段		0～10%	10%～30%	30%～70%	70%～100%
逆变器	A1	0.5308 (3)	0.9130	0.9776	0.9843
	B1	0.4535 (4)	0.9511 (3)	0.9869 (4)	0.9920 (3)
	B2	0.3824	0.9235	0.9712	0.9802
	C1	0.5359 (2)	0.9694 (2)	0.9956 (1)	0.9887
	C2	0.5790 (1)	0.9754 (1)	0.9881 (3)	0.9940 (1)
	D1	0.4070 (5)	0.9309 (4)	0.9850 (5)	0.9911 (5)
	D2	0.3827	0.9267 (5)	0.9881 (2)	0.9927 (2)
	E1	0.3577	0.9166	0.9789	0.9849
	E2	0.4030	0.9183	0.9817	0.9918 (4)

注：括号内为从大到小排列顺序。

在 0～10% 功率段内，效率表现前三的逆变器分别为逆变器 C2、逆变器 C1、逆变器 A1；在 10%～30% 功率段内，效率表现前三的逆变器分别为逆变器 C2、逆变器 C1、逆变器 B1；在 30%～70% 功率段内，效率表现前三的逆变器分别为逆变器 C1、逆变器 D2、逆变器 C2；在 70%～100% 功率段内，效率表现前三的逆变器分别为逆变器 C2、逆变器 D2、逆变器 B1，且所有逆变器效率均大于 98%。

2. 总体转换效率

针对实证站内逆变器的总体转换效率进行对比分析。定义逆变器累计效率为某一时间段内逆变器交流侧输出电能除以逆变器直流侧输出电能，2017 年 5 月 12 日至 6 月 28 日逆变器累计效率排名见表 7-9。

从表 7-9 中可以看出，组串式逆变器 C2、逆变器 C1、逆变器 A2 的累计转换效率最高，逆变器 B2 的效率较低。集散式逆变器 F 累计效率最高，该排名与瞬时效率排名较为一致。

表 7 - 9 逆变器累计效率排名

逆变器	DC 侧电量	AC 侧电量	累计效率	峰值效率	排名
A1	11995	11539	0.96198	0.9902	10
A2	11744	11500	0.97922	0.9970	4
B1	11747	11453	0.97497	0.9970	5
B2	11642	11129	0.95594	0.9901	11
C1	11491	11285	0.98207	0.9936	3
C2	11456	11275	0.98420	0.9990	2
D1	11783	11412	0.96851	0.9961	8
D2	11771	11408	0.96916	0.9977	7
E1	11671	11277	0.96624	0.9908	9
E2	11580	11225	0.96934	0.9968	6
F	49119	48368	0.98472	0.9990	1

根据大同光伏"领跑者"基地招标文件要求逆变器最大效率不低于 99%，在实证平台内的光伏逆变器都达到该文件的要求。

3. 阴影影响

对于逆变器 C1、逆变器 C2 进行阴影影响对比分析，在逆变器 C1、C2 处立杆塔，其阴影会在下午某时段遮挡组件，影响组件发电量，故逆变器 C1 和逆变器 C2 每日下午均有一段时间有较为明显的输出功率下降。图 7 - 75 为 6 月 1 日当天的逆变器交流侧输出功率，可以看出，阴影影响逆变器 C1 功率输出主要在 16：00—17：00 时间段，阴影影响逆变器 C2 功率输出主要在 14：00—15：00 时间段。

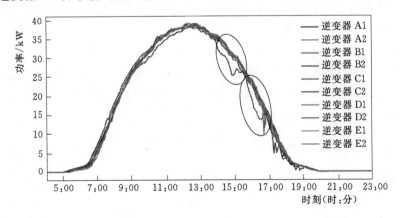

图 7 - 75 逆变器交流侧输出功率

经长期计算，逆变器 C1、逆变器 C2 由于阴影影响，每月相较其余逆变器发电量均值少 220kWh，平均每日相较其余逆变器少 7.3kWh，每日相对发电量减少 1.43%。

7.3.6　实证平台运行数据及信息

大同基地建立了全国首个光伏"领跑者"基地综合技术监测平台，并同步建设了先进技术实证平台。按照国家能源局要求，在大同采煤沉陷区国家先进技术光伏示范基地建设领导组办公室、大同光伏发电监测服务中心组织下，基于综合技术监测平台和先进技术微型实证平台的监测数据，特编制《大同一期光伏发电应用领跑基地运行监测月报》（以下简称《月报》）。

《月报》全面汇总了大同基地各项目建设运行情况，统计分析了光伏领跑基地组件转换效率、组件衰减率、逆变器转换效率和全站系统效率等关键运行指标。《月报》显示，大同基地运行良好，无弃光现象，主要设备运行指标均基本满足光伏领跑基地企业竞争优选要求。

大同采煤沉陷区国家先进技术光伏示范基地作为首个光伏领跑者基地，为切实贯彻国家能源局关于加强光伏产业信息监测的要求，对基地项目实行信息化、数字化、专业化管理，基地建立了"互联网＋领跑者"信息公共服务平台——大同光伏发电监测服务中心（以下简称"信息中心"）。大同光伏发电监测服务中心如图7-76所示。

图 7-76　大同光伏发电监测服务中心

平台运用云计算、大数据，空间地理信息、三维 GIS 等新一代信息技术，是集信息查询、信息监测、质量管理、功率预测预报、数据分析、移动显示和大屏幕展示等于一体的公共服务平台，以实现对基地各类设备和关键节点的监测与关键指标考核，实现对基地光伏发电项目的数字化、信息化和专业化管理。信息中心建立的对项目集中监测评价技术系统，对于提升光伏产品质量和转换效率、对于提升我国光伏产业整体管理水平具有重要示范意义，能够为基地项目健康运行提供具有实际指导价值的信息和服务。

参 考 文 献

［1］　刘小平，王丽娟，王炳楠，等．光伏并网逆变器户外实证性测试技术初探［J］．新能源进展，2015（1）：33-37.

［2］　陈心欣，李慧，曾湘安，等．光伏发电系统的环境参数影响实证分析［J］．环境技术，2017，35（4）：19-21.

［3］　孟忠．太阳能光伏发电项目的后评价及实证研究［D］．北京：华北电力大学，2010.

［4］　郭佳．并网型光伏电站发电功率与其主气象影响因子相关性分析［D］．北京：华北电力大学，2013.

［5］ 黄伟，张田，韩湘荣，等．影响光伏发电的日照强度时间函数和气象因素［J］．电网技术，2014，38（10）：2789－2793．

［6］ 吕学梅，朱虹，王金东，等．气象因素对光伏发电量的影响分析［J］．可再生能源，2014，32（10）：1423－1428．

［7］ 崔剑，王金梅，陈杰，等．光伏并网逆变器性能指标检测与分析研究［J］．自动化仪表，2015，36（9）：84．

［8］ 白建波，郝玉哲，张臻，等．多种类型硅电池光伏组件性能模拟的复合方法［J］．太阳能学报，2014，35（9）：1586－1591．

［9］ 邹建章，陈乔夫，张长征．光伏逆变器综合性能测试平台研究［J］．电测与仪表，2010，47（8）：20－23．

［10］ 田琦，赵争鸣，韩晓艳．光伏电池模型的参数灵敏度分析和参数提取方法［J］．电力自动化设备，2013，33（5）：119－124．